拉链，让手作变轻松！

拉链的安装和使用教程

日本宝库社　编著

边冬梅　译

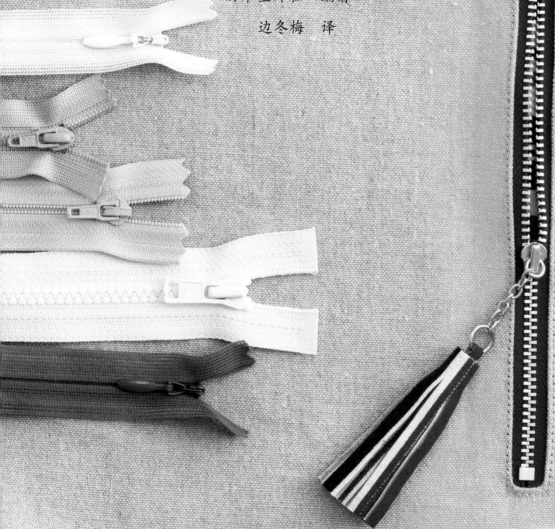

河南科学技术出版社

·郑州·

目录

Step 1

拉链的基础知识　Basic

Step 2

布包上拉链的安装方法　Lesson

Step 3

衣服上拉链的安装方法

Lesson

★ 本书中的作品，禁止任何以销售（实体店、网店等）为目的的仿制，仅供手工艺制作使用。

● 本书对日本YKK株式会社的拉链的安装方法进行了介绍。在使用其他公司的产品时，本书介绍的内容可能有不符合的情况。

● 本书中的作品是使用常用面料制作的，如果使用其他面料，本书的制作方法不一定适用，请根据实际情况处理。

拉链是怎样拉合上的呢?

拉动拉头（安着拉片的零件），安在两边布带上的链齿（拉链的牙齿部分）就会像左边图片上的拉链一样弯曲。左右两边的链齿就像齿轮一样相互咬合，拉链就合上了。向相反的方向拉动拉头时，拉链两边的链齿就分开了。这种拉链的原理是美国人贾德森发明的，最初是为了解决系鞋带不方便的问题而设计的，这便是拉链的起源。

"fastener"
"zipper"
"chuck"
有什么不同?

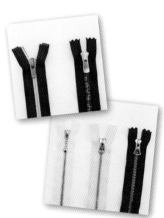

这三个词都是拉链的意思。通常我们使用的"fastener"在英语中是指"slide fastener（防止滑动式的金属部件）"。在大部分以英国为主要语言的国家经常使用。"zipper"是在美国经常使用，但独有"chuck"这个词只在日本使用。原来这只是一个腰包的商标名称，被广为人知之后就普遍使用了。

Step 1

拉链的基础知识

Basic

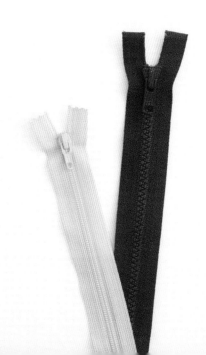

拉链各部分的名称

首先，要记住本书中经常出现的拉链的各个部分的名称！

闭尾拉链（左右不分开）

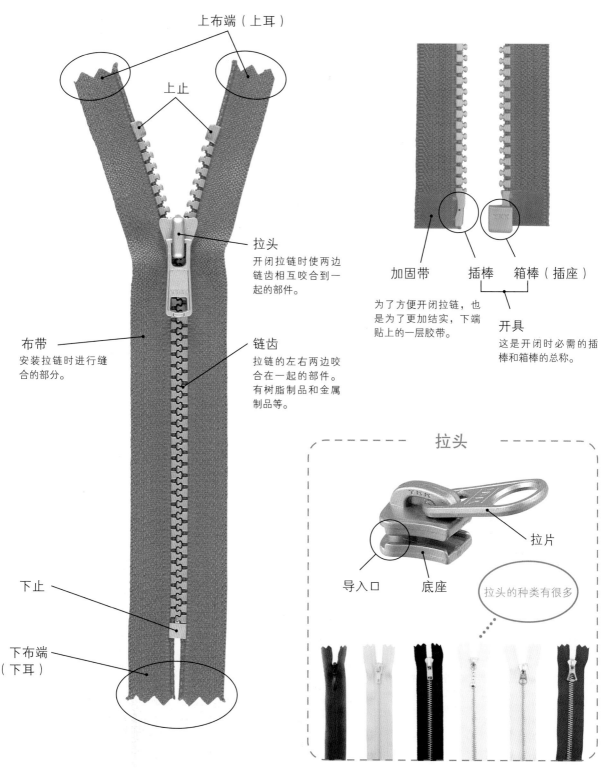

上布端（上耳）

上止

拉头

开闭拉链时使两边
链齿相互咬合到一
起的部件。

布带

安装拉链时进行缝
合的部分。

链齿

拉链的左右两边咬
合在一起的部件。
有树脂制品和金属
制品等。

下止

下布端
（下耳）

开尾拉链（可以左右分开）

加固带　　　插棒　　箱棒（插座）

为了方便开闭拉链，也
是为了更加结实，下端
贴上的一层胶带。

开具

这是开闭时必需的插
棒和箱棒的总称。

拉头

拉片

导入口　　底座

拉头的种类有很多

拉链的种类

拉链的种类有很多，在此介绍一下手工艺品商店可以买到的主要的拉链种类。

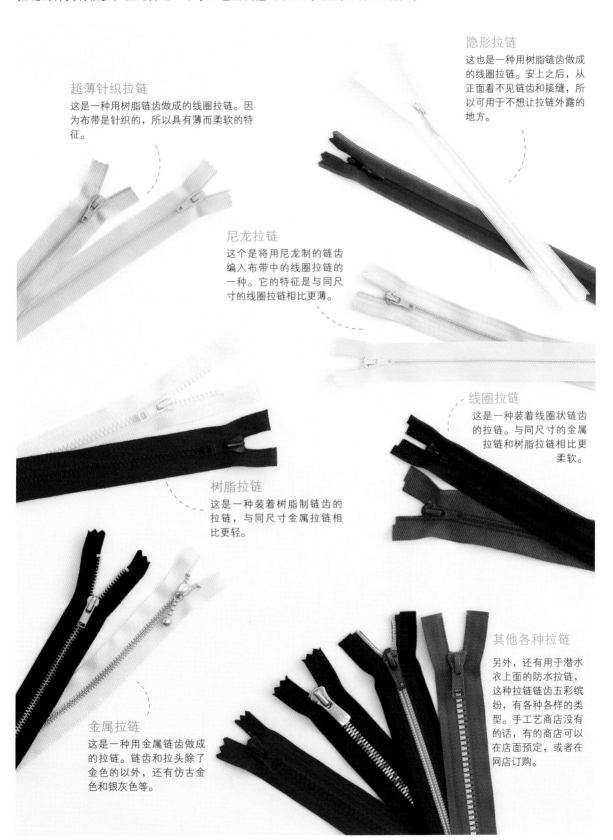

隐形拉链

这也是一种用树脂链齿做成的线圈拉链。安上之后，从正面看不见链齿和接缝，所以可用于不想让拉链外露的地方。

超薄针织拉链

这是一种用树脂链齿做成的线圈拉链。因为布带是针织的，所以具有薄而柔软的特征。

尼龙拉链

这个是将用尼龙制的链齿编入布带中的线圈拉链的一种。它的特征是与同尺寸的线圈拉链相比更薄。

线圈拉链

这是一种装着线圈状链齿的拉链。与同尺寸的金属拉链和树脂拉链相比更柔软。

树脂拉链

这是一种装着树脂制链齿的拉链，与同尺寸金属拉链相比更轻。

其他各种拉链

另外，还有用于潜水衣上面的防水拉链，这种拉链链齿五彩缤纷，有各种各样的类型。手工艺商店没有的话，有的商店可以在店面预定，或者在网店订购。

金属拉链

这是一种用金属链齿做成的拉链。链齿和拉头除了金色的以外，还有仿古金色和银灰色等。

拉链的选择方法

在选购拉链时，请确认是否适合您使用。

适合手提包和化妆包的拉链

大部分拉链都能用！

- 金属拉链
- 树脂拉链
- 超薄针织拉链
- 线圈拉链
- 尼龙拉链

手提包和化妆包上几乎所有的拉链都可以使用。但是，需要考虑布料的厚薄和弹性进行选择。比如，包体用的是薄而没有弹性的布料时，如果使用较重的金属拉链的话，因为拉链的重量包体会显得很松垮。另外，树脂拉链链齿部分不容易弯曲，所以不适合弯曲度较大的作品。

适合裙子的拉链

建议使用重量较轻的树脂拉链

- 超薄针织拉链
- 尼龙拉链
- 隐形拉链

用于裙子上的拉链必须是适合面料的较为柔软的拉链，所以推荐使用上述的三种拉链。安装拉链时，请使用适合所用拉链的安装方法。

适合裤子的拉链

根据布料的厚度使用不同的拉链

- 超薄针织拉链
- 尼龙拉链
- 金属拉链

在裤子拉链的选择中，必须选择适合所用面料厚度的拉链。对较薄的面料推荐使用超薄针织拉链或尼龙拉链，对较厚的面料推荐使用金属拉链。

适合连衣裙的拉链

为了不显露接缝，要做得整整齐齐

- 隐形拉链

用于连衣裙的拉链，推荐使用从正面看不到链齿和接缝的隐形拉链。

适合夹克衫的拉链

要使用左右分开的开尾拉链

- 金属开尾拉链
- 树脂开尾拉链

对于使用厚布料的夹克衫，推荐使用金属开尾拉链和树脂开尾拉链。一定要使用能够左右分开的开尾拉链。

拉链的长度

拉链的长度怎么算，是初学者非常头疼的一个问题。
现在我们来说一下从哪里到哪里才算是拉链的长度。

闭尾拉链

左右布带在下止处被固定住的拉链。

这是将拉头拉到最顶端的状态。
从拉头的最顶端到下止的最末端为拉链的长度。

闭尾拉链（两个拉头头部相对）

两个拉头相对拉动闭合到一起的拉链。

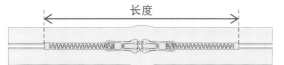

从一个下止的最顶端到另一个下止的最顶端为拉链的长度。

闭尾拉链（两个拉头尾部相对）

这是一款两个拉头相向拉动闭合到一起的拉链。

这是将两个拉头分别相向拉动到两端形成的闭合状态。
从一个拉头的最顶端到另一个拉头的最顶端为拉链的长度。

开尾拉链

左右布带在下止处可以分离的拉链。

这是将拉头拉到最顶端的状态。
从拉头的最顶端到开具（插棒和箱棒）的最末端为拉链的长度。

开尾拉链（两个拉头逆向拉开）

这款拉链可以左右分开且带两个拉头，因此这也是一款可以从下面开闭的拉链。

这是将拉头拉到最顶端的状态。
从拉头的最顶端到辅助带（加强胶带）最末端为拉链的长度。

拉链的号码（尺寸）

拉链根据链齿的大小有不同的号码（尺寸）。

No.3 　　 No.5

在手工艺商店买到的拉链中一般都标有"No.3"和"No.5"。这个数字是拉链的尺寸，表示的是链齿部分的宽度。基本上是数字越大宽度越宽。请根据您所制作作品的情况选择适合的拉链吧。

要点

不知道拉链的尺寸怎么办？

在手工艺商店购买拉链时，如果拉链上的标签脱落，不知道拉链的号码时，可以试着看一下拉头的背面。这里标记的数字基本上就是拉链的尺寸。另外，一同标记的字母表示的是拉链的种类。例如VISLON为树脂拉链、FK为超薄针织拉链、EFER为尼龙拉链。

拉链长度的调整

拉链的长度可以根据作品的长度做调整。

线圈拉链

（超薄针织拉链、尼龙拉链、线圈拉链<标准型>）

左右链齿不要分开，在所需的长度处，用缝纫机以回针缝的方法进行止缝。然后用剪刀剪去多余的部分。

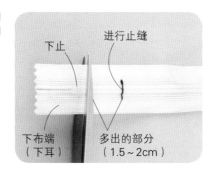

下止　　进行止缝

下布端
（下耳）

多出的部分
（1.5～2cm）

金属拉链

1

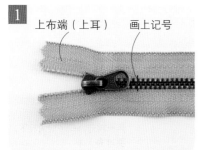

上布端（上耳）　画上记号

测出所需长度，并画上记号。

链齿

中心　布带

将链齿的夹住布带的链齿腿部剪去一边，然后从上耳侧到记号处摘去链齿。这时要注意不能夹住布带的中心部位。

2

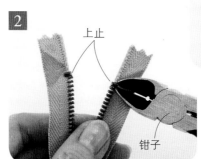

上止

钳子

上止

用尖嘴钳或钢丝钳摘除上止。这个上止之后还要用，所以尽量不要损坏。

3

链齿

钳子

4

剪断

上止

不留空隙

将最初摘下来的上止安上去，用平嘴钳等捏紧固定。要将上止与链齿非常吻合地安上去。最后剪去多余的布带。

树脂拉链

1

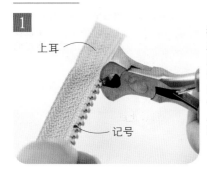

上耳

记号

树脂拉链的上止一旦摘下来就不能使用了，所以还得准备新的上止。之后的做法与金属拉链一样，用钳子摘去上止，再剪断并摘除链齿。

2

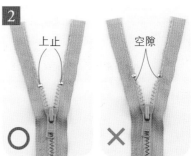

上止　　　　空隙

○　　　　×

把准备好的上止重新安上去。要注意这种情况下上止与链齿之间也不能有空隙。

作品和拉链长度的关系

为了使您购买拉链时不再犹豫"买多长的拉链合适",在此解释一下选择拉链长度的要点。

用于手提包和化妆包的拉链

● 拉链和包口长度相同时 ‥‥‥

留出稍宽一点的空间

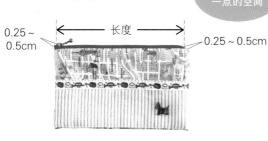

0.25～0.5cm　长度　0.25～0.5cm

安装与包口等长的拉链时,请准备比包口长度短0.5～1cm的拉链。因为拉动拉头时要留有空间,缝合在上止和下止之间也要有一定的空隙。

● 拉链超出包口时 ‥‥‥

包口的长度+超出的长度

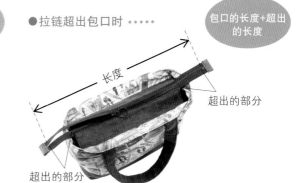

长度

超出的部分

超出的部分

欲安装比包口和拼接条长的拉链时,要根据作品的大小准备拉链。化妆包的情况下要准备安装拉链位置的尺寸+5cm、手提包的情况下要准备安装拉链位置的尺寸+10cm。

用于裙子的拉链 ‥‥‥

到身体最宽部位的臀围线处

约0.5cm

长度

开口止点

用于裙子的情况下,要准备从裙腰以下0.5cm的位置到臀围线(开口止点)的长度的拉链。这是因为如果开口不到身体最宽的臀围线的位置,有可能穿不上裙子,所以请按照纸样准备拉链吧。

用于裤子的拉链 ‥‥‥

到臀围线稍微靠下一点

约0.5cm

长度

开口止点

用于前开口裤子的情况下,要准备从裤腰以下0.5cm的位置到开口止点的长度的拉链。用于其他裤子的情况下,根据低腰裤等腰围位置的不同,拉链长度有很大的不同,所以请按照纸样准备拉链吧。

用于连衣裙的拉链 ‥‥‥

从领口到臀围线的长度

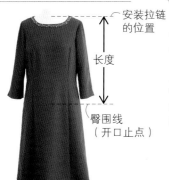

安装拉链的位置

长度

臀围线（开口止点）

使用隐形拉链的连衣裙,需要准备从安装拉链位置的上端到比臀围线(开口止点)更长一点长度的拉链。隐形拉链长度的调整非常简单,剪去多余部分即可。

用于夹克衫的拉链 ‥‥‥

与安装位置等长的长度

安装止点

长度

安装止点

用于夹克衫的情况下,需要准备与拉链安装位置等长的拉链,所以要参照纸样上拉链止点的位置进行准备。

安装拉链必需的工具

为了能够漂亮地安上拉链，让我们准备好必要的工具之后再着手安装吧。

拉链压脚 ＊拉链压脚要选择适合您缝纫机的压脚。

单侧压脚

因为一边空着，压脚可以不压着拉链的链齿缝纫，所以这是一种非常方便的拉链压脚。

缝纫机基础配置压脚

隐形拉链压脚

需另外购买的压脚

这是一种隐形拉链专用压脚。压脚的背面带有沟槽，可以一边抬起链齿一边缝纫链齿的边缘。

＜单侧压脚＞

＜普通压脚＞

使用单侧压脚时，缝纫针的另一侧是空着的，所以可以一边牢牢地压住布料一边贴近链齿缝纫。另一种是用于家庭缝纫机直线缝纫等的普通压脚，这种压脚比较宽，压脚容易在链齿处卡住，所以常出现不能顺利缝纫的情况。

＜隐形拉链压脚＞

＜普通拉链压脚＞＞

使用隐形拉链压脚缝的话，从正面看不见拉链的链齿和接缝。使用普通压脚缝的话，接缝就会张开很大，链齿也会暴露无遗。

用于临时固定的材料 ＊请注意在拉链的链齿和拉头处不能粘上胶带或胶水。

缝线

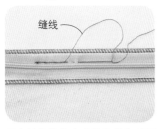

缝线

用大针脚缝的方式将拉链临时固定到布料上。

手工用胶水

胶水

制作化妆包的时候，用于处理布带的上耳和下耳。

胶带

胶带

把胶带粘贴到拉链的布带边缘上，将拉链临时固定到布料上。与大头针相比胶带能够固定得更牢固、更伏贴。像化妆包和手提包等不常洗涤的作品可使用"布用双面胶带"；而对于需要经常洗涤的作品，建议使用"水溶性双面胶带"或"热黏合双面胶带"。根据缝份的宽度可分别使用3～6mm宽的胶带。

拉链的基本缝纫方法

缝纫拉链时通用的、只想压住这一部分进行缝纫的方法和要点。

移动拉头进行缝纫

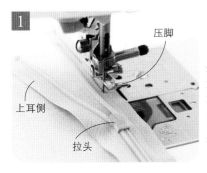

拉链打开半截的状态下，从上耳侧开始缝纫。缝到拉头附近时，使缝纫针落下后停止缝纫，抬起压脚。

捏住拉片使拉头在压脚的里侧移动。压脚碰到拉头不能很好地移动时，需要稍微转动一下布料。

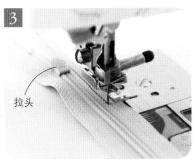

拉头就可以继续向上移动了。拉头一直移动到碰不到压脚的地方为止。

落下压脚，继续缝纫。

请注意！

缝纫时与链齿留出距离

必须留够开闭拉链时拉头能够通过的宽度。如果缝得太靠近拉头边缘，拉动拉头时容易咬住布料或拉头拉起来很沉重。为了开闭顺畅，需要在两侧留出一定的空间。

本书中使用金属拉链时，上图所示的箭头之间要留出1～1.5cm的距离。

距离太近

不要碰坏上止、下止

树脂拉链和线圈拉链等用树脂制作上止、下止的拉链，与压脚和送布牙接触时容易碰伤。因此缝纫时必须注意不要碰到上止、下止。

碰坏了的样子

上耳、下耳的处理

上耳、下耳末端也有各种各样的处理方法。

直缝法

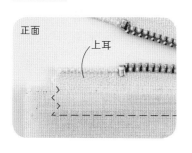

适合的作品

沿着前面的线迹一直缝下去，用表布和里布夹住上耳、下耳。这时候，布带上的上耳和下耳处于从正面可以看见的状态。这种缝法主要适用于缝完拉链之后还要在上耳、下耳上缝别的布或缝侧缝等情况。（参照p.19、p.33、p.35、p.37、p.41）

安装拉链的朝向

上止侧　下止侧　前片

常使用右手的人把作品的前片放到对着自己的一侧时，拉链头在左侧比较容易打开。常用左手的人与常用右手的人正好相反。

折叠成三角形

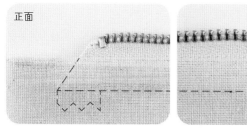

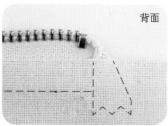

适合的作品

这是把上耳、下耳折叠成三角形后夹在表布和里布中间的方法，布带的边缘夹在了布料中间。这种缝法主要适用于拉链缝到作品主体最上方的情况。（请参照p.27、p.29）

折叠成直角

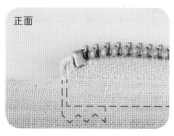

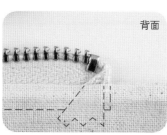

适合的作品

这是把上耳、下耳折叠两次使之成为直角后夹在表布和里布中间的方法，布带的边缘夹在了布料中间。这种缝法也是适用于拉链缝到作品主体最上方的情况。（请参照p.31）

用布边包裹住

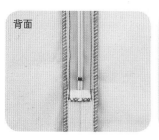

适合的作品

这是用一块较薄的布料或皮革把拉链一端包裹起来的方法。这种方法主要适用于处理连衣裙上的隐形拉链的一端，也适用于手提包和化妆包等的拉链需要露出来的时候。（请参照p.24、p.48、p.59）

里袋的安装方法

给带拉链的手提包和化妆包缝制里袋的3种基本方法。

夹在表布和里布中间缝合

这是将拉链夹到正面相对合到一起的表布和里布中间的一种方法。是用缝纫机缝里袋的最简单的方法。

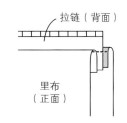

拉链（背面）

里布（正面）

锁缝到表布上

这种方法是先将表袋和里袋分别做好之后，使表袋和里袋正面朝外合到一起夹住拉链布带，用锁缝的方法缝到拉链的布带上。最后再进行止缝。这种方法可以用于任何手提包和化妆包。

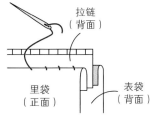

拉链（背面）

里袋（正面）

表袋（背面）

将里布与拉链重叠起来缝合

这是先将拉链缝到表布上，再折叠里布的缝份并跟拉链重叠到一起进行止缝的方法。扁形手提包和化妆包不能使用这种方法。

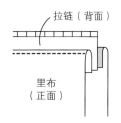

拉链（背面）

里布（正面）

拉链的拉片上的孔有什么作用呢？

有的拉链的拉片上开了一个孔，据说这是为了使拉链变轻，也是为了让人更容易捏住拉片。这个孔中还可以穿入绳子或者添加装饰物，成为作品的亮点。

拉链的处理方法

向大家介绍一下处理拉链的几个诀窍。

用熨斗熨烫拉链的方法

树脂制的链齿用高温熨烫的话会熔化。所以，用熨斗熨烫时要垫上衬布。

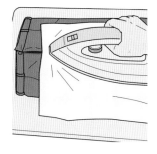

拉链可承受的最高温度

（也要注意作品主体的布料的可承受温度）

种类	可承受的最高温度
隐形拉链	160℃
超薄针织拉链	160℃
树脂拉链	130℃
线圈拉链	160℃

拉链的洗涤方法

拉上拉链之后再洗涤

用洗衣机洗涤时，因为离心力拉链也会承受很强的力量。如果拉开拉链洗涤的话，拉链的拉头有时会因为离心力而脱落。所以，一定要在闭合拉链的状态下进行洗涤。

树脂拉链请装入洗涤网中洗涤

像连衣裙上的隐形拉链的拉片都涂过油漆，直接在洗衣机中洗涤的话，由于洗涤中的摩擦油漆可能会脱落。所以请装入洗涤网中进行洗涤。

拉链的保存方法

使用前的拉链的保存

建议放在不潮湿、通风良好的场所保存。

请注意！

✕ 使用前的拉链用橡皮筋捆扎保存的话，橡皮筋中所含的硫黄成分与拉链上的金属容易发生化学反应而使金属变色。所以，如果需要捆扎保存时，建议使用纸绳捆扎。

Step 2

布包上拉链的安装方法

Lesson

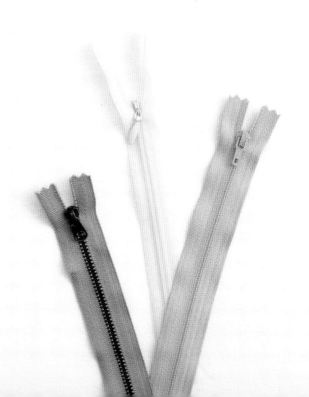

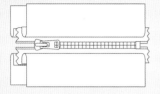

安装方法 1

在拉链两侧缝上侧边布

1.整齐地将拉链缝到侧边布上

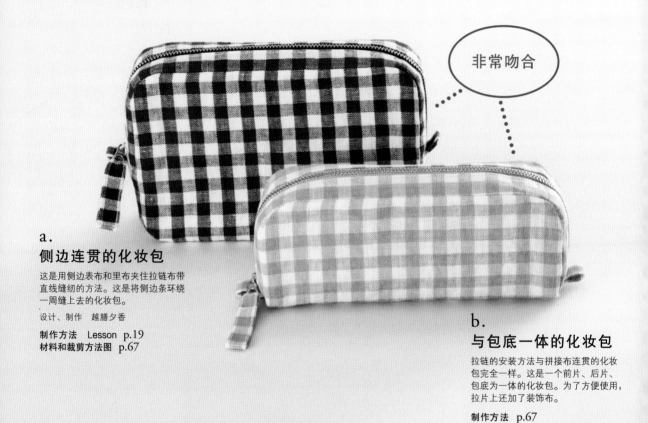

非常吻合

a.
侧边连贯的化妆包

这是用侧边表布和里布夹住拉链布带直线缝纫的方法。这是将侧边条环绕一周缝上去的化妆包。

设计、制作 越膳夕香

制作方法 Lesson p.19
材料和裁剪方法图 p.67

b.
与包底一体的化妆包

拉链的安装方法与拼接布连贯的化妆包完全一样。这是一个前片、后片、包底为一体的化妆包。为了方便使用，拉片上还加了装饰布。

制作方法 p.67

推荐使用的拉链

金属拉链 树脂拉链 线圈拉链

Lesson

* 材料和裁剪方法图请参照p.67。

* 为了方便理解在示范时改变了作品和布料的颜色，并且使用了比较醒目的缝纫线。

1. 将拉链缝到侧边布上

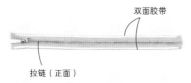

双面胶带

拉链（正面）

① 在拉链布带两侧的正面与背面均粘贴上3mm宽的布用双面胶带。请注意双面胶带太宽的话容易粘住缝纫针，缝起来不顺畅。

拉链（正面）

将边缘整理好

侧边表布（背面）

侧边里布（正面）

② 揭掉上侧拉链布带正、反面布用双面胶带上的剥离纸，将拉链布带的边缘与侧边表布和侧边里布的边缘重叠起来并对齐。

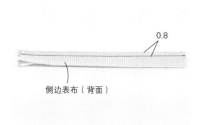

0.8

侧边表布（背面）

③ 缝合侧边表布和拉链的布带。

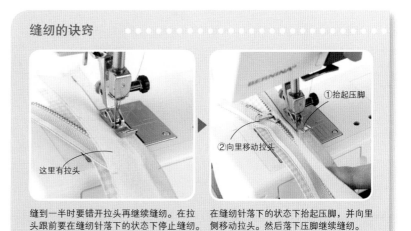

缝纫的诀窍

这里有拉头

① 抬起压脚

② 向里移动拉头

缝到一半时要错开拉头再继续缝纫。在拉头跟前要在缝纫针落下的状态下停止缝纫。

在缝纫针落下的状态下抬起压脚，并向里侧移动拉头。然后落下压脚继续缝纫。

侧边表布（正面）

侧边里布（背面）

拉链（正面）

④ 用同样的方法缝合侧边里布和拉链的布带。将侧边表布、侧边里布翻至正面。

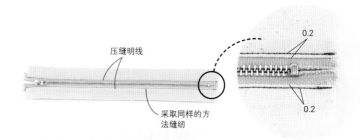

压缝明线

采取同样的方法缝纫

0.2

0.2

⑤ 在另一侧的拉链布带上也采取同样的方法缝合侧边表布和侧边里布。将侧边翻至正面，在两侧侧边的边缘压缝明线。

2. 制作小条

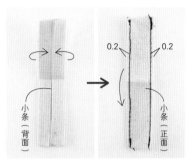

0.2　0.2

小条（背面）

小条（背面）　小条（正面）

折叠小条的缝份，并在两侧压缝明线再正面朝外横着对折。用同样的方法制作两个。

3. 缝合侧边和包底

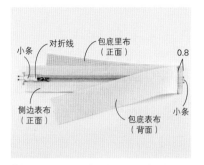

小条　对折线　包底里布（正面）

0.8

侧边表布（正面）　包底表布（背面）　小条

①将小条用珠针固定到侧边的两端。将包底表布、包底里布分别与侧边表布、侧边里布正面相对合到一起，对齐后缝合。

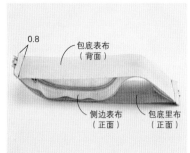

0.8　包底表布（背面）

侧边表布（正面）　包底里布（正面）

②另一侧也采取同样的方法缝合侧边和包底，成为新的侧边条。

4. 缝合侧边条和前片

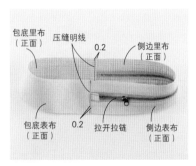

包底里布（正面）　压缝明线　0.2　侧边里布（正面）

包底表布（正面）　0.2　拉开拉链　侧边表布（正面）

③翻至正面，使缝份倒向包底后压缝明线。

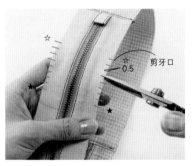

☆　☆　0.5　剪牙口　★

①在缝合时弯曲处的缝份上剪牙口。

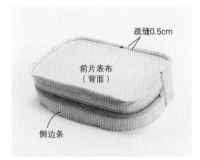

疏缝0.5cm

前片表布（背面）

侧边条

②将侧边条和前片表布正面相对合到一起，对齐后疏缝。

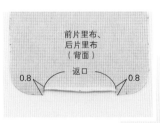

前片里布、后片里布（背面）

0.8　返口　0.8

③在前片里布、后片里布的返口处剪牙口，并将返口的缝份折向里侧。

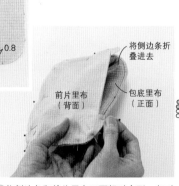

将侧边条折叠进去

前片里布（背面）　包底里布（正面）

④将侧边条和前片里布正面相对合到一起对齐后别上珠针。这时，要如图所示把侧边条折叠进去。

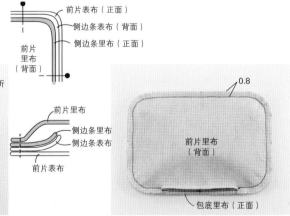

前片表布（正面）　侧边条表布（背面）　侧边条里布（正面）

前片里布（背面）

前片里布　侧边条里布　侧边条表布　前片表布

0.8

前片里布（背面）

包底里布（正面）

⑤缝合侧边条和前片里布。

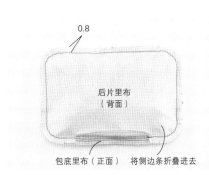

⑥从返口翻至正面。

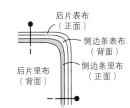

侧边里布（正面）

前片里布（正面）

返口

包底表布（正面）

⑦如图所示，在侧边条的一侧缝上了前片表布、前片里布。

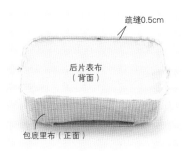

疏缝0.5cm

后片表布（背面）

包底里布（正面）

①如图所示，将步骤4做好的部分翻过来。使没有缝合一侧的侧边条表布与后片表布正面相对合到一起对齐后疏缝。拉开拉链。

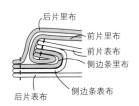

0.8

后片里布（背面）

包底里布（正面）　将侧边条折叠进去

②把①翻过来，将后片里布与①中疏缝的接缝重叠起来缝合。包体前片和侧边条向内侧折叠进去，缝合后片里布。

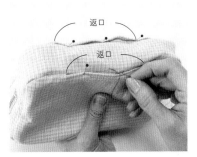

后片表布（正面）

侧边条表布（背面）

后片里布（背面）

侧边条里布（正面）

后片里布

前片里布

前片表布

侧边条里布

侧边条表布

后片表布

6. 缝合返口

返口

返口

①从返口翻至正面，用藏针缝缝合两处返口。

7. 给拉片安上装饰布

②把化妆包翻至正面。

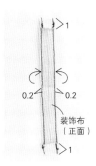

1

0.2　0.2

装饰布（正面）

1

①折叠装饰布的缝份，在两边压缝明线。上、下两端各折叠1cm的缝份。

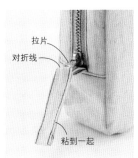

拉片

对折线

粘到一起

②将装饰布穿到拉链的拉片孔中，用手工用胶水粘到一起。

完成

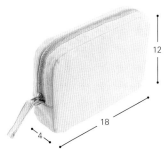

12

18

4

2.拉链超出侧边布

超出的拉链
部分

c.
休闲购物包

这是一种拉链超出侧边布的设计。不用挪动拉头就可以从侧边布的这头缝到另一头，所以可以非常简单地缝上拉链。

设计、制作　青山惠子

制作方法 Lesson p.23
材料与裁剪方法图　p.69

推荐使用的拉链

树脂拉链　金属拉链

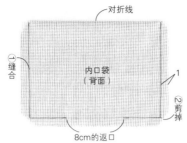

＊材料和裁剪方法图请参照p.69。
＊为了方便理解在示范中改变了作品和布料的颜色，并且使用了比较醒目的缝纫线。

1. 缝上内口袋

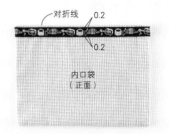

①将内口袋用布正面相对对折，留出返口后缝合。斜着剪去角上的缝份。

②将内口袋翻至正面，在口袋口处缝上花边装饰。蒂罗尔绣带的两头要折入里侧。

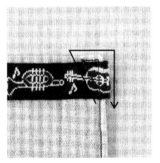

③将内口袋缝到里布上。为了使内口袋口的两端更结实，要缝成三角形。

2. 将侧边布缝到拉链上

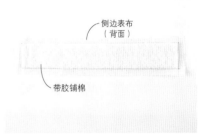

①将带胶铺棉粘贴到侧边表布的背面。把带胶铺棉的胶面朝上放置，并在其上面摆放布料，用低温或中温熨烫。

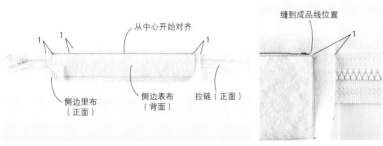

②从下到上放好拉链、里布、表布，边缘对齐后缝合。两头都要缝到成品线的位置。因为拉链是超出侧边的，所以拉链关闭的情况下也可以从侧边的一头一直缝到另一头。

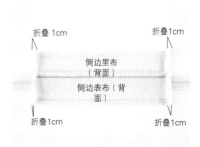

③折叠两头的缝份，掀起侧边里布。

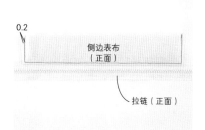

0.2

侧边表布
（正面）

拉链（正面）

④将侧边的表布和里布反面相对合到一起对齐后，在3条边上压缝明线。

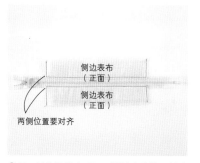

侧边表布
（正面）

侧边表布
（正面）

两侧位置要对齐

⑤另一侧的拉链也采取同样的方法缝到侧边的表布、里布上。请注意两侧侧边的位置要对齐、不要错开。

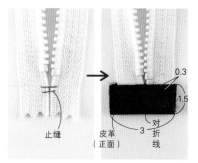

止缝

皮革
（正面）

0.3

1.5

对折线

3

⑥用皮革夹住拉链的两端后缝合。上止侧用手先把拉链布带止缝住的话，就很容易缝上皮革了。

3. 制作提手，并缝到包体的表布上

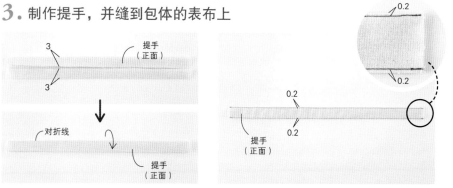

3

3

提手
（正面）

对折线

提手
（正面）

0.2

0.2

0.2

0.2

提手
（正面）

①提手布料的两边折向中心，再对折。

②在提手的两侧压缝明线。用同样方法制作2根。

包体表布（正面）

0.5

包底表布（正面）

包体表布（正面）

0.5

③将包体表布和包底表布正面相对合到一起，对齐后缝合，使缝份倒向包体表布一侧，然后压缝明线。

4. 将侧边布和包口用布缝到包体里布上

带胶铺棉

包体表布（正面）

④在包体表布的背面粘贴带胶铺棉。

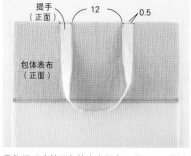

提手
（正面）

12

0.5

包体表布
（正面）

⑤将提手疏缝到包体表布的包口处。另一侧也采用同样的方法疏缝上提手。

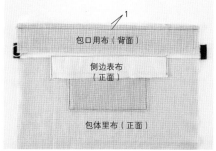

1

包口用布（背面）

侧边表布
（正面）

包体里布（正面）

①将侧边表布放到包体里布（正面）上面重叠起来，在侧边表布上面再放上包口用布，并使之正面相对合到一起对齐，然后缝合。

5. 缝合包体表布和包口用布

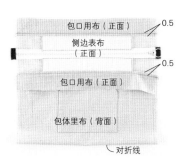

②在另一侧也采用同样的方法将侧边和包口用布缝到包体里布上。使缝份倒向包口用布一侧，然后压缝明线。

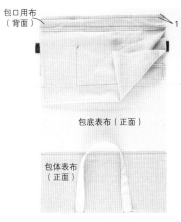

①将包体表布和包口用布正面相对合到一起，对齐后缝制包口。

②另一侧也采用同样的方法，将包体表布和包口用布正面相对合到一起对齐后缝制包口。

6. 缝合两侧和包底抓角

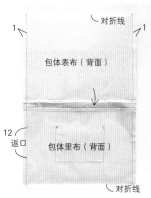

①分别将包体表布和包体里布正面相对合到一起对齐后缝合。使包口的缝份倒向包口用布一侧，在包体里布的一侧留出返口后缝合两条侧边。分开缝份。

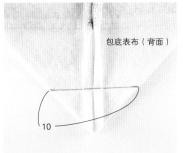

②使侧缝和包底合到一起对齐后折叠，缝合包底抓角。另外3处也采用同样的方法进行缝合。

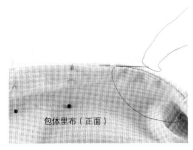

②用藏针缝的方法缝合包体里布的返口。

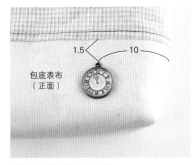

③将徽章缝到包体的前侧。

7. 收尾

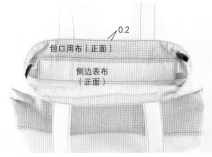

①从返口翻至正面，整理形状后在包口处压缝明线。

完成

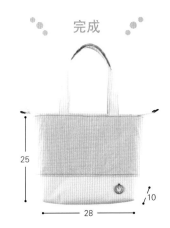

25

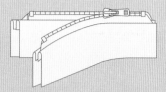

1.拉链呈直线安装到包体
的最上边

拉链呈直线

d.
带外口袋的化妆包

这是一种将拉链呈直线安装到包体上的基础
扁形化妆包。因为拉链安装在包体最上端，
所以拉链两端的处理是重点。
设计、制作 青山惠子

拉链的安装方法 Lesson p.27
制作方法 p.71

推荐使用的拉链

金属拉链　树脂拉链　尼龙拉链　超薄针织拉链

Lesson 拉链的安装方法

★ 材料和裁剪方法图请参照p.71。
★ 为了方便理解在示范中改变了作品和布料的颜色，并且使用了比较醒目的缝纫线。

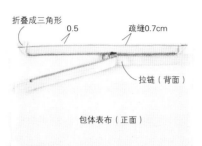

折叠成三角形　0.5　疏缝0.7cm
拉链（背面）
包体表布（正面）

①将包体表布和拉链正面相对合到一起对齐，使拉链与包体表布布边错开为0.5cm，将上耳和下耳在上止、下止的位置折叠成三角形之后疏缝。

1
包体表布（背面）
（正面）
包体里布（正面）

②将包体里布与包体表布正面相对重叠，布边对齐后进行缝合。

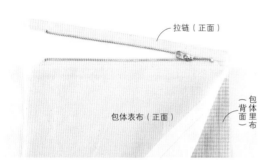

拉链（正面）
包体表布（正面）
包体里布（背面）

③翻至正面，调整形状。

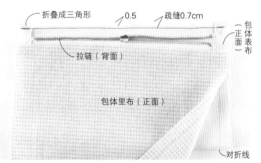

折叠成三角形　0.5　疏缝0.7cm
包体表布正面
拉链（背面）
包体里布（正面）
对折线

④将包体表布正面相对进行折叠。把拉链另一侧的布带和包体表布正面相合到一起进行疏缝。使拉链与包体表布布边错开0.5cm。

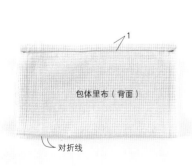

1
包体里布（背面）
对折线
对折线

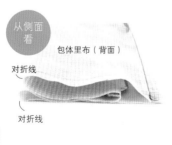

从侧面看
包体里布（背面）
对折线
对折线

⑤包体里布也正面相对折叠。将包体表布和包体里布的布边对齐后进行缝合。拉链呈拉开的状态。

包体表布（正面）

⑥翻至正面，这种包体最上端的直线拉链就安装好了。之后的制作方法请参照p.71。

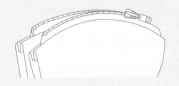

2.拉链呈弧线安装到包上

使之弯曲成弧形
再进行安装

e.
迷你化妆包

这是一个形状非常可爱的手掌大小的化妆包。
随着包体上平缓的曲线，用珠针固定拉链后再
进行缝合。

设计、制作　青山惠子

拉链的安装方法 Lesson　p.29
制作方法　p.72

推荐使用的拉链
超薄针织拉链

* 材料和裁剪方法图请参照p.72。
* 为了方便理解在示范时改变了作品和布料的颜色，并且使用了比较醒目的缝纫线。

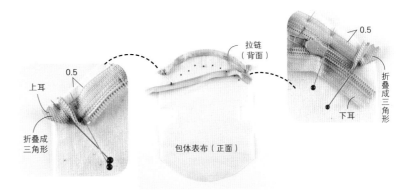

①将包体表布和拉链正面相对对齐，细致地别上珠针。使拉链错开包体表布布边的宽度为0.5cm，将上耳和下耳在上止、下止的位置折叠成三角形。

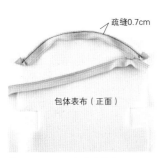

②将拉链疏缝到包体表布上。

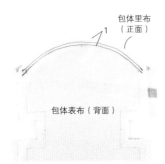

③将包体表布和包体里布正面相对夹住拉链，对齐布边后进行缝合。

用手使劲按着进行缝合，不要使拉链起皱。

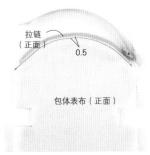

④翻至正面，调整形状之后压缝明线。

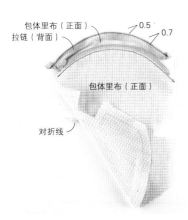

⑤另一侧也采用同样的方法将拉链疏缝到包体表布上。

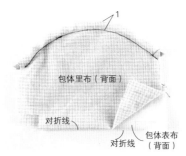

⑥将包体表布和包体里布正面相对，并使布边对齐后缝合。

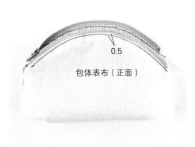

⑦翻至正面，压缝明线。之后的制作方法请参照p.72。

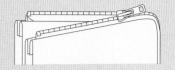

3.拉链弯曲成直角后安装到包上

使之弯曲
后再安装

f.
钱包

这是一种带装硬币用小口袋的迷你钱包。制作要点是在拉链急转弯处剪牙口。采用将拉链的布带两端完全隐藏到包体表布和包体里布中间的折叠方法。

设计、制作　越膳夕香

拉链的安装方法 Lesson p.31
制作方法 p.73

推荐使用的拉链

金属拉链　尼龙拉链　超薄针织拉链

* 材料和裁剪方法图请参照p.73。
* 为了方便理解在示范中改变了作品和布料的颜色，并且使用了比较醒目的缝纫线。

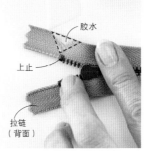

①将拉链布带上止的位置作为顶点，把胶水涂抹成等腰直角三角形。

②在上止的位置上将上耳反面相对进行折叠，再次涂抹胶水。

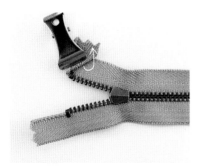

③进一步将上耳折叠成三角形。等胶水干了之后，用夹子等进行固定。

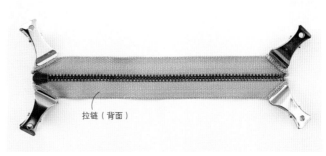

④其他三处也采用同样的方法处理上耳、下耳。

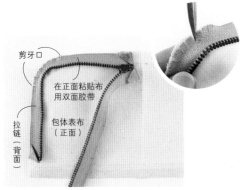

⑤在拉链布带边上粘贴3mm宽的布用双面胶带，将包体表布和拉链布带正面相对合到一起。在合到一起的弯曲的地方，在布带上剪出细小的牙口。

⑥从边缘进行缝合。弯曲的部分要用锥子摁住，注意要在不起皱褶的情况下进行缝合。

⑦缝纫中途，要在落下缝纫针的情况下再停止缝纫，抬起压脚，向里挪动拉头后继续缝纫。

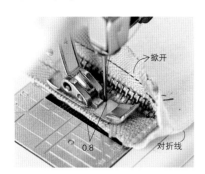

⑧另一侧的拉链布带也要和包体表布正面相对合到一起缝合。缝到侧缝的部分时包体表布成了"对折线"，所以比较难缝，要掀起包体表布一直缝到拉链布带的边缘。

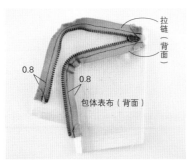

⑨将拉链缝合固定到包体表布上。

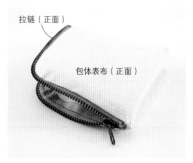

⑩这是缝好表布后翻至正面的样子。将拉链整齐地缝到了很突出的弯曲处。之后的制作方法请参照p.73。

4.拉链从包体上延伸出来

g.
支架口金挎包

这是一种将拉链夹在包体表布和包体里布中间缝合时，自然将拉链延伸出来缝合的设计方法。这种方法非常适合支架口金包。

设计、制作　青山惠子

拉链的安装方法 Lesson　p.33
制作方法　p.74

延伸出来

推荐使用的拉链

金属拉链　树脂拉链　尼龙拉链　超薄针织拉链

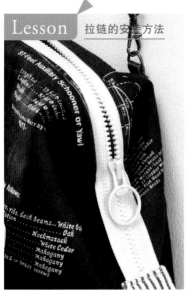

Lesson 拉链的安装方法

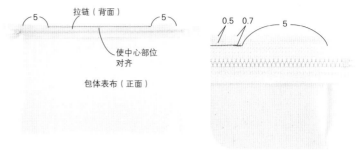

①将包体表布和拉链布带正面相对合到一起对齐中心部位，两侧各留出5cm后缝合。

＊材料和裁剪方法图请参照p.74。
＊为了方便理解在示范中改变了作品和布料的颜色，并且使用了比较醒目的缝纫线。

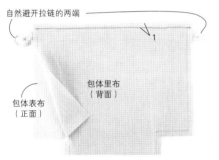

②将包体里布和包体表布正面相对合到一起对齐布边。自然避开拉链两端后缝制包口。

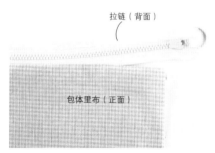

③翻至正面用熨斗整理形状。因为拉链的两端比包体都长，所以拉链就延伸出来了。

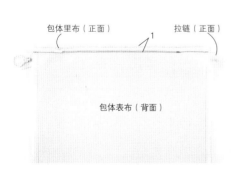

④另一侧的拉链布带也采用同样的方法将包体表布和包体里布缝合上去。

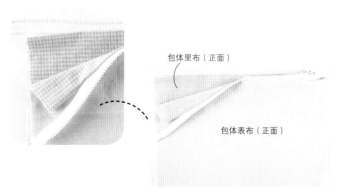

⑤翻至正面。两头的拉链布带自然延伸出来。之后的制作方法请参照p.74。

安装方法 3

隐藏拉链链齿

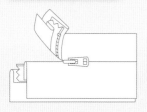

1.包体表布对接到一起,把
链齿隐藏起来

包体表布对接到
一起,从外面看
不见拉链

h.
文具袋

这是一款在拉链中线位置使包体表布对
接到一起而遮住拉链链齿的文具袋。里
袋另行制作,从后侧与袋口合并到一
起对齐后锁缝上去。

设计、制作　越膳夕香

拉链的安装方法 Lesson p.35
制作方法　p.76

推荐使用的拉链

金属拉链　树脂拉链　尼龙拉链　超薄针织拉链

＊材料和裁剪方法图请参照p.76。
＊为了方便理解在示范中改变了作品
和布料的颜色，并且使用了比较醒目
的缝纫线。

①将拉链布带和包体表布正面相对合到一起，对齐
两端后进行缝合。

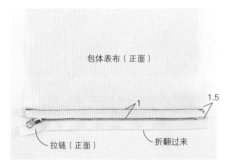

②将包体表布在成品线处折翻过来后压缝明线。

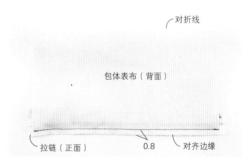

③将拉链另一侧的布带和包体表布正面相对合到一起，对
齐两端后进行缝合。

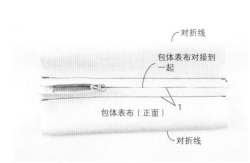

④在成品线处将包体表布折翻过来后压缝明线。包体表布
在拉链的中心位置对接到了一起。之后的制作方法请参照
p.76。

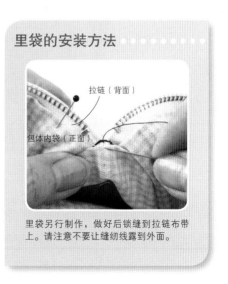

里袋的安装方法 ● ● ● ● ● ● ● ●

里袋另行制作，做好后锁缝到拉链布带
上。请注意不要让缝纫线露到外面。

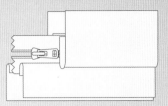

2.一侧的布料盖住拉链，把链齿
隐藏起来

上面重叠一层
布，把链齿隐
藏起来

i.
挎包

这是一种使上侧表布盖住链齿的
挎包。建议给遮盖的一侧折叠出
明显的折痕之后再进行缝纫。

设计、制作　越膳夕香

拉链的安装方法 Lesson　p.37
制作方法　p.77

推荐使用的拉链

金属拉链　树脂拉链　尼龙拉链　超薄针织拉链

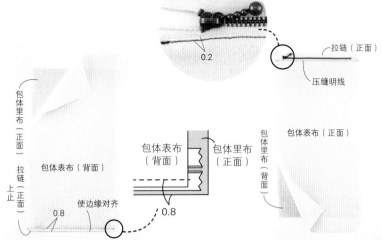

＊材料和裁剪方法图请参照p.77。
＊为了方便理解在示范中改变了作品和布料的颜色，并且使用了比较醒目的缝纫线。

①将拉链的上止放到左边，用包体表布和包体里布夹住拉链后进行缝合。使拉链布带的边缘和包体表布、包体里布的边缘对齐。

②将包体表布、包体里布翻至正面，在突出的折痕边缘压缝明线。

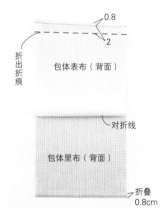

③给包体表布的遮盖口处折叠出突出的折痕，给包体里布的缝份处折出折痕。将包体表布和拉链正面相对合到一起，对齐后缝合。

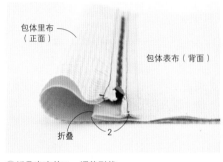

④折叠出遮盖口，调整形状。

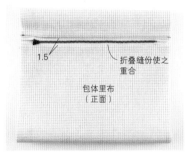

⑤将包体里布的折痕与③中的接缝重叠到一起。

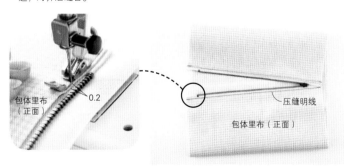

⑥往上拉包体里布，在遮盖侧压缝明线。

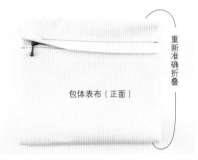

⑦翻至正面，重新准确地折叠。之后的制作方法请参照p.77。

安装方法 4

将拉链安装到口袋口上

1.在包体表布上开一个口子制作口袋

在开口处安上拉链

j.
带口袋的手提包

包体表布上开一个口子缝上拉链，制作口袋。如果能够正确地开口、按照顺序进行制作的话，这个口袋的制作比想象的还要简单。

设计、制作　越膳夕香

拉链的安装方法 Lesson　p.39
制作方法　p.78

推荐使用的拉链

金属拉链　树脂拉链　尼龙拉链　超薄针织拉链

Lesson 拉链的安装方法

* 材料和裁剪方法图请参照p.78。
* 为了方便理解在示范中改变了作品和布料的颜色，并且使用了比较醒目的缝纫线。

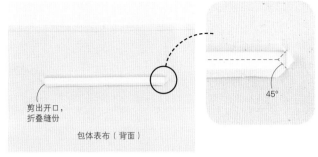

剪出开口，
折叠缝份

45°

包体表布（背面）

① 在包体表布安口袋的位置剪出开口。先把两端剪成Y形，在角度为45°的地方紧接着剪出开口。用熨斗熨出折痕。

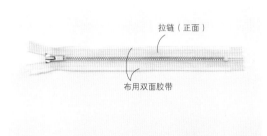

拉链（正面）

布用双面胶带

② 在拉链布带两端分别粘贴3mm宽的布用双面胶带。里侧也采用同样的方法进行粘贴。

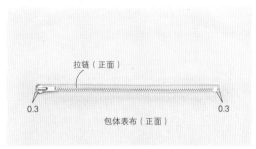

拉链（正面）

0.3　　　　　　　　　　　0.3

包体表布（正面）

③ 将拉链从背面粘贴到包体表布安装拉链的位置。

口袋用布
（背面）

包体表布（背面）　对齐布边

④ 拉链布带下侧要与口袋用布的布边对齐后再进行粘贴。

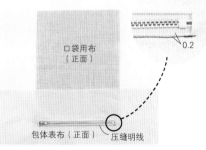

口袋用布
（正面）

0.2

包体表布（正面）　压缝明线

⑤ 从包体正面压缝口袋下侧的边缘，将包体表布、拉链、口袋用布缝合到一起。

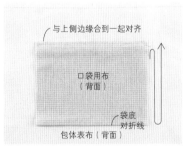

与上侧边缘合到一起对齐

口袋用布
（背面）

袋底
对折线

包体表布（背面）

⑥ 将口袋用布从袋底正面相对对折，把口袋用布的布边和拉链布带上侧边缘合到一起对齐后粘贴起来。

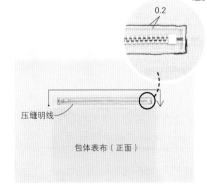

0.2

压缝明线

包体表布（正面）

⑦ 从正面在口袋口的两侧和上侧边缘呈倒U形的地方压缝明线。

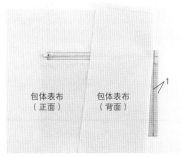

包体表布
（正面）　包体表布
（背面）

1

⑧ 掀开包体表布，缝纫口袋的两侧。

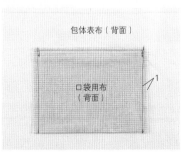

包体表布（背面）

口袋用布
（背面）

1

⑨ 另一侧也采用同样的方法缝合。到此，开口处带拉链的口袋就制作完成了。之后的制作方法请参照p.78。

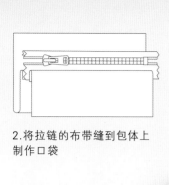

2.将拉链的布带缝到包体上
制作口袋

缝到包体上

k.
带装饰口袋的挎包

将拉链布带的两边分别缝到包体表布
和口袋布上，挎包前面用的口袋就完
成了。

设计、制作 青山惠子

拉链的安装方法 Lesson p.41
制作方法 p.80

推荐使用的拉链

金属拉链　树脂拉链　尼龙拉链　超薄针织拉链

＊材料和裁剪方法图请参照p.80。
＊为了方便理解在示范中改变了作品和布料的颜色，并且使用了比较醒目的缝纫线。

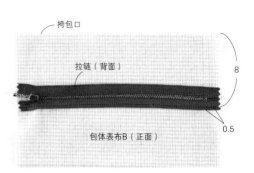

挎包口

拉链（背面）

8

0.5

包体表布B（正面）

①将包体表布B和拉链正面相对合到一起对齐，把拉链缝到要安装拉链的位置。

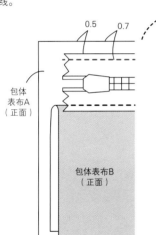

0.5　0.7cm处疏缝

拉链（背面）

包体表布B（正面）

包体表布A（正面）

②将另一侧的拉链布带和包体表布A正面相对合到一起，对齐后疏缝。

1

对齐布边

包体表布B（背面）

对折线

包体表布A（正面）

③将包体表布B正面相对，使其布边和包体表布A的布边对齐后进行缝合。

0.5　0.7

包体表布A（正面）

包体表布B（正面）

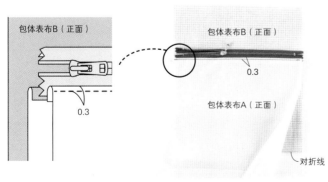

包体表布B（正面）

0.3

包体表布A（正面）

对折线

④将包体表布B翻至正面。避开最底层的包体表布B，在拉链下侧的袋口边缘压缝明线。

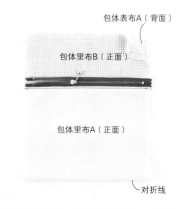

包体表布A（背面）

包体里布B（正面）

包体里布A（正面）

对折线

⑤将包体表布A正面朝外进行折叠。之后的制作方法请参照p.78。

给敞口
手提包安装拉链
的方法

在此介绍一个给敞口手提包安装拉链的
方法

需要准备的材料

● 侧边布准备2片，宽度为包底的长度+2cm；高度为
侧边布宽度+1cm

包底的长度+2cm

侧边布2片

侧边布宽
度+1cm

● 包拉链两端用布：5cm×5cm

● 拉链：包底的长度+约5cm

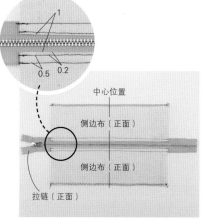

布带拼缝
的宽度

包底的长度

Lesson

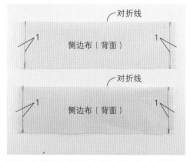

对折线

侧边布（背面）

1   1

对折线

侧边布（背面）

1   1

①将2片侧边布分别正面相对合到一起折叠，
然后缝合两侧。

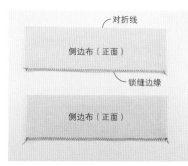

对折线

侧边布（正面）

锁缝边缘

侧边布（正面）

②将侧边布翻至正面整理形状，把2个布边合
到一起锁边。

1
0.5 0.2

中心位置

侧边布（正面）

侧边布（正面）

拉链（正面）

③将拉链的中心和侧边布的中心合到一起对
齐并重叠上去，然后两侧各压缝2条明线。

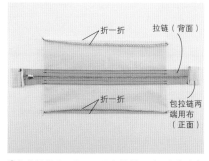

折一折   拉链（背面）

折一折   包拉链两
端用布
（正面）

④将拉链的上耳和下耳用包拉链两端用布包裹起
来。将侧边布的布边折叠1cm。

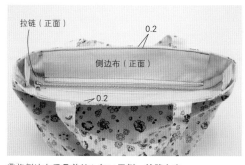

拉链（正面）

0.2

侧边布（正面）

0.2

⑤将侧边布重叠着放入包口里侧，并缝上去。

完成

拉链使用
的小窍门

拉链不好打开情况下

拉链开闭次数多的时候，就会
出现不好打开的情况。那是链
齿表面润滑剂减少的表现。这
种情况下，如果使用拉链润滑
剂，拉头就会变得很顺滑，开
闭就很容易了。

开尾拉链的注意事项

因为开尾拉链是左右成对
制造的，所以不能乱组合。
即使跟同样长度的别的拉
链组合到一起，链齿的间
隙也会出现因为不吻合而
翘起来的情况。

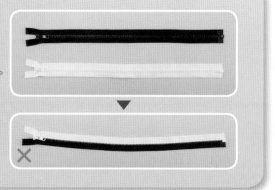

Step 3

衣服上拉链的
安装方法

Lesson

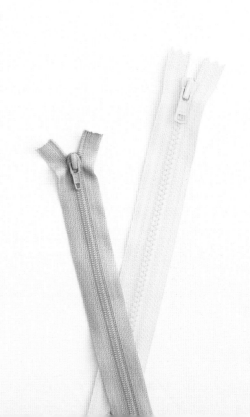

侧面拉链

1.
百褶裙

在侧缝处安装拉链，要非常吻合地沿着
腰围缝上裙腰。再者，因为是打褶裙，
这样腰围显得很简洁。这是一件在家和
外出时均可穿着的裙子。

设计、制作 May Me 伊藤三千代

拉链的安装方法 Lesson p.45
材料和裁剪方法图 p.70

后裙片一侧从侧面的接缝处把成品线稍微向外拉出来一点进行折叠，然后缝上拉链。前裙片一侧要盖住拉链。

推荐使用的拉链

尼龙拉链　超薄针织拉链

Lesson
* 材料和裁剪方法图请参照p.70。
* 为了方便理解在示范中改变了作品和布料的颜色，并且使用了比较醒目的缝纫线。

1. 打褶

用Z字形线迹锁缝　前裙片（正面）　用Z字形线迹锁缝

①用Z字形线迹分别锁缝前、后裙片两侧的缝份。

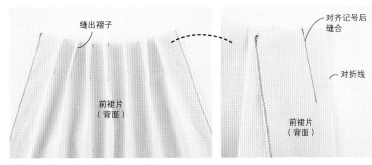

缝出褶子

前裙片（背面）

对齐记号后缝合

对折线

前裙片（背面）

②将打褶线正面相对重叠到一起后缝合。

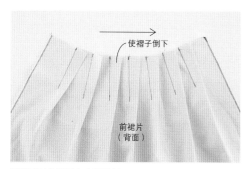

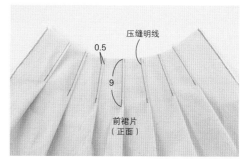

③用熨斗将褶子向右侧熨倒。

④从正面压缝明线压住褶子。后裙片也采用同样的方法打褶。

2.将拉链缝到左侧缝处

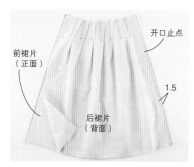

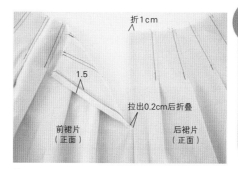

①将前、后裙片正面相对合到一起对齐后，从左侧缝的开口止点缝到裙子下摆处。

②从后裙片的开口止点处拉出来0.2cm折叠缝份。前裙片侧以1.5cm的缝份折叠。

使开口止点以下的缝份自然分开。

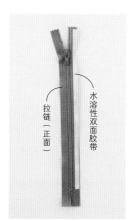

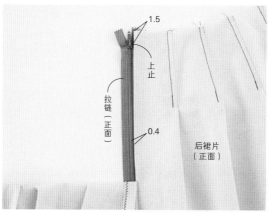

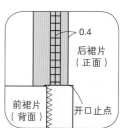

③在拉链布带的一侧上粘贴水溶性双面胶带，然后粘贴到后裙片侧面的缝份上。以超薄针织拉链的布纹为基准容易粘得直。

④将后裙片折痕突出的边缝合到开口止点。

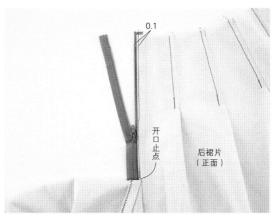

0.1

开口止点

后裙片
（正面）

水溶性双面胶带

后裙片
（正面）

前裙片
（正面）

⑤在拉链布带的另一侧也粘上水溶性双面胶带。

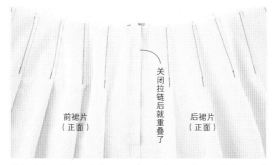

前裙片
（正面）

关闭拉链后就重叠了

后裙片
（正面）

⑥揭掉水溶性双面胶带上的剥离纸，在关闭拉链的状态下把前裙片放上去，把拉链粘贴到前裙片的缝份上。

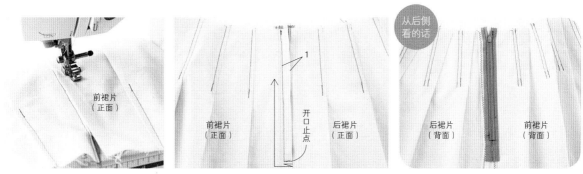

前裙片
（正面）

1

前裙片
（正面）

开口止点

后裙片
（正面）

从后侧看的话

后裙片
（背面）

前裙片
（背面）

⑦从裙子表布正面的开口止点到腰围处压缝明线，止缝拉链。开口止点处用倒针缝加固。

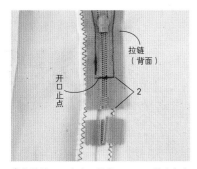

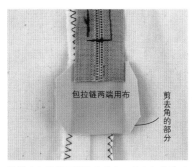

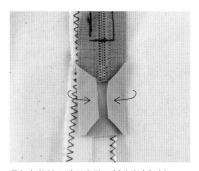

⑧拉链从开口止点开始留下2cm，剪去多余部分。

⑨剪去包拉链两端用布的角，使之与拉链对齐。

⑩把包拉链两端用布的两侧边往中间折。

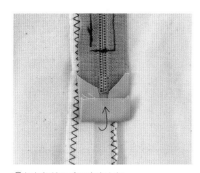

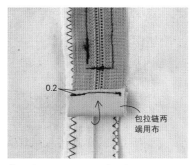

⑪把包拉链两端用布向上折。

⑫再进一步折叠，在折痕突出的边缘压缝明线。这时只缝合拉链布带和包拉链两端用布。

3. 缝合右侧缝

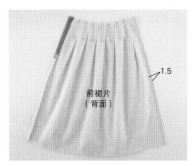

将前、后裙片正面相对合到一起对齐后缝合右侧缝。分开缝份。

4. 缝上裙腰

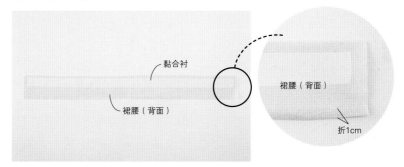

①在裙腰上半部分背面粘贴黏合衬。折叠下半部分一侧（不粘贴黏合衬的一侧）的缝份。

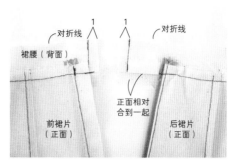

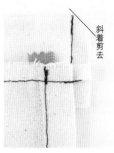

②把粘贴黏合衬的一侧放在上面，与裙子的背面重叠后缝合。处理裙腰两端，前裙腰一端要比成品线长出1cm、后裙腰一端要比成品线长出4cm进行缝合，并使缝份倒向裙腰。

③打开①中的折痕，掀起裙腰，在中心部位正面相对进行折叠，缝合裙腰两端。

④斜着剪下裙腰角上的缝份（另一侧也用同样的方法剪去）。

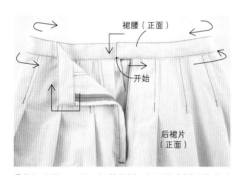

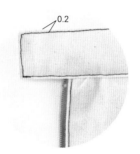

⑤将裙腰翻至正面，把缝份插入裙腰的内侧后整理形状，最后在其周围压缝明线。

5. 制作扣眼并缝上扣子

制作扣眼，缝上扣子。

6. 处理裙子下摆

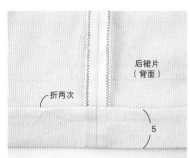

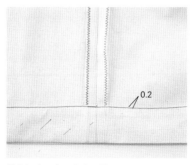

①将裙子下摆折1cm，再折5cm，共折两次。

②在折痕突出的边缘压缝。

完成

前开口处
的拉链

m.
打褶锥形裤

在裤子的前开口处要把拉链的布带分别缝到贴
边和掩襟上。这是在裤子腰围处打褶以方便行
动的设计。

设计、制作 May Me 伊藤三千代

拉链的安装方法 Lesson p.51
制作方法 p.82

拉链打开时，下面的是掩襟，露在上面的是贴边。裤子前开口处的拉链缝到掩襟和贴边上之后的第二次压缝明线很重要，由此穿脱时不给拉链增加负担。

推荐使用的拉链

超薄针织拉链　　尼龙拉链　　金属拉链

Lesson
拉链的安装方法

* 材料和裁剪方法图请参照p.82。
* 为了方便理解在示范中改变了作品和布料的颜色，并且使用了比较醒目的缝纫线。

1. 缝上贴边

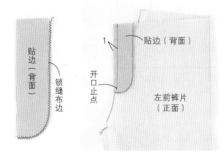

① 在贴边上粘贴黏合衬，用Z字形线迹锁缝贴边边缘。将左裤片和贴边正面相对合到一起，从前中心的上端缝合到开口止点处。

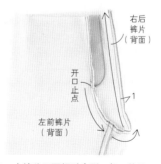

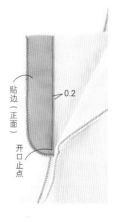

② 将左、右裤片正面相对合到一起，从开口止点处缝合到后裆。因为这里是受力的地方，所以要再缝一次进行加固。分开缝份。左前裤片和贴边的缝份要倒向贴边，然后到开口止点处压缝明线。

2. 制作掩襟

掩襟（背面）

对折线

① 在掩襟上粘贴黏合衬，正面相对合到一起，对齐后缝合下端。

1

锁缝布边

剪去多余的缝份

掩襟（正面）

对折线

② 将掩襟翻至正面，剪去露出来的多余的缝份。把2片的缝份合到一起进行锁缝。

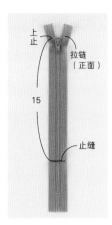

上止

拉链（正面）

15

止缝

③ 准备超薄针织拉链，在离上止15cm的地方进行止缝。使用金属拉链的情况下，把长度调整到15cm。

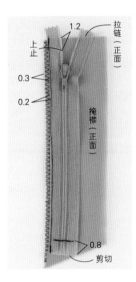

1.2

拉链（正面）

上止

0.3

0.2

掩襟（正面）

0.8

剪切

④ 在掩襟边缘向里移动0.3cm的位置放上拉链，缝合拉链布带的边缘。剪掉多余的拉链。

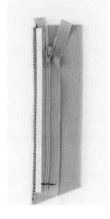

⑤ 将水溶性双面胶带粘贴到拉链的布带上。

3. 缝上掩襟

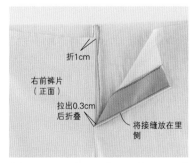

折1cm

右前裤片（正面）

拉出0.3cm后折叠

将接缝放在里侧

① 将裤片翻至正面，把贴边向里拉一点后进行折叠。右前裤片在开口止点处从前中心将缝份拉出0.3cm，上端沿成品线折叠。

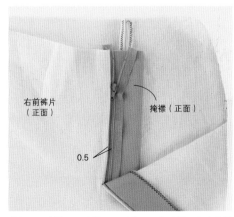

右前裤片（正面）

掩襟（正面）

0.5

② 揭下水溶性双面胶带上的剥离纸，将掩襟放在右前裤片上进行疏缝。对齐上端，在离拉链中心0.5cm处重叠起来。

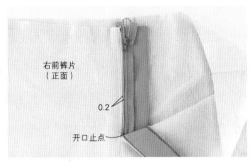

右前裤片
（正面）

0.2

开口止点

单侧压脚

③从上端到开口止点缝合右前裤片折痕突出的边缘处。

要换成单侧压脚进行缝合。

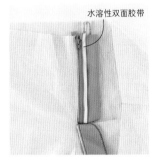

水溶性双面胶带

重叠
0.5cm

左前裤片
（正面）

重叠
0.3cm

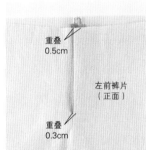

贴边
（正面）

左前裤片
（正面）

拉链
（反面）

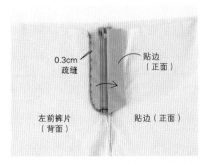

0.7

0.1

贴边（正面）

④在拉链另一侧的布带上也粘贴水溶性双面胶带。剥掉剥离纸，在关闭拉链的状态下与左前裤片重叠到一起，把拉链布带粘贴到贴边上。

⑤压缝2条明线，将拉链布带缝合到贴边上。

4. 压缝明线

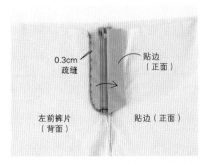

0.3cm
疏缝

贴边
（正面）

左前裤片
（背面）

贴边（正面）

避开掩襟

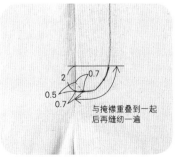

2   0.7

0.5

0.7

与掩襟重叠到一起
后再缝纫一遍

①拉上拉链调整形状，避开掩襟疏缝贴边的边缘。

②避开掩襟，从正面压缝明线。抽掉疏缝线。

③拉回掩襟，在压缝的明线上面再缝纫一次。在前中心处也要压缝明线。压缝的这条明线在拉开拉链时可减轻拉链所承受的力量。安装拉链以外的制作方法请参照p.82。

后开口处的
拉链

n.
前、后带装饰缝的
连衣裙

礼服式的连衣裙，不想让接缝露在
外边，所以使用隐形拉链来处理。用
薄面料制作的情况下，请在里边穿一
条长衬裙。

设计、制作
NEEDLEWORK LAB 安田由美子

拉链的安装方法 Lesson p.56
制作方法 p.84

因为设计比较简洁，所以在领口搭配了华丽的串珠刺绣。

在后领口开衩处缝上从外面看不见接缝和拉链的隐形拉链。

这是一款袖口开衩的方便活动的设计。

推荐使用的拉链
隐形拉链

* 材料和裁剪方法图请参照p.84。
* 为了方便学习拉链的安装方法，在示范中布料的形状与实际的纸样有所不同。

1. 缝合后中心

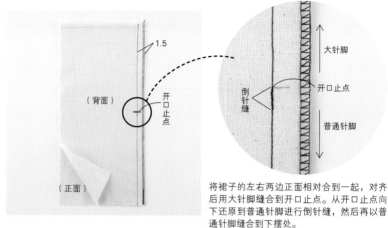

大针脚

开口止点

倒针缝

普通针脚

（背面）

开口止点

1.5

（正面）

将裙子的左右两边正面相对合到一起，对齐后用大针脚缝合到开口止点。从开口止点向下还原到普通针脚进行倒针缝，然后再以普通针脚缝合到下摆处。

2. 疏缝拉链

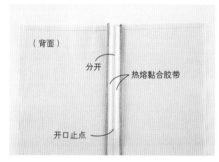

（背面）

分开

热熔黏合胶带

开口止点

①分开缝份，把热熔黏合胶带粘贴到开口止点。

（背面）

拉链（背面）

②将隐形拉链的中线与接缝合到一起对齐后，用熨斗熨烫使其固定。

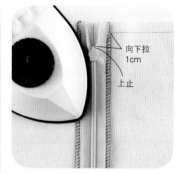

向下拉1cm

上止

这时从成品线处把拉链的上止向下拉1cm后再熨烫粘贴。
※熨斗的熨烫方法，请参照p.16。

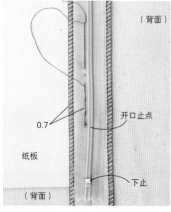

（背面）

0.7

开口止点

纸板

下止

（背面）

③在缝份间加入纸板，将拉链大针脚缝固定到缝份上。这里的大针脚缝指的是用稍微大一点的针脚进行半倒针缝的缝纫方法缝合。将下止向下移动到开口止点以下。

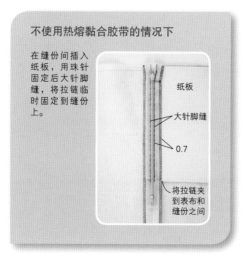

不使用热熔黏合胶带的情况下

在缝份间插入纸板，用珠针固定后大针脚缝，将拉链临时固定到缝份上。

纸板

大针脚缝

0.7

将拉链夹到表布和缝份之间

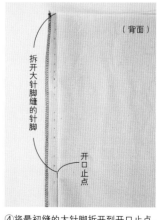

（背面）

拆开大针脚缝的针脚

开口止点

④将最初缝的大针脚拆开到开口止点。

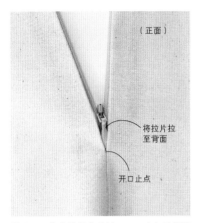

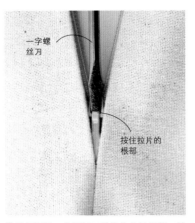

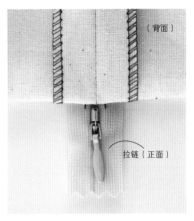

⑤从正面将拉链的拉片放入开口止点的缝隙中，拉到背面。

⑥用细细的一字螺丝刀按住拉片的根部，就能顺利地将其按到背面。这时注意不要划伤拉头。

⑦从正面拉到背面，注意不能从拉链上拔掉下止和拉片。

3. 缝上拉链

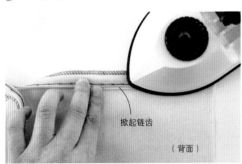

①掀起链齿，用熨斗低温熨烫，使链齿翘起。
※熨斗的熨烫方法，请参照p.16。

②将缝纫机压脚换成隐形拉链压脚。把链齿夹到压脚的沟槽中，一边稍微掀起一点链齿一边缝纫拉链边缘。

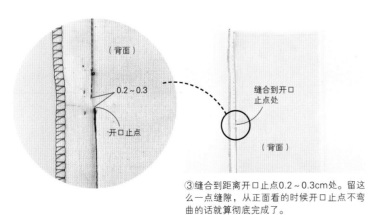

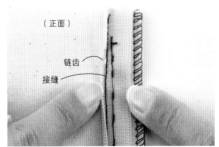

③缝合到距离开口止点0.2～0.3cm处。留这么一点缝隙，从正面看的时候开口止点不弯曲的话就算彻底完成了。

④如图所示可以缝到链齿边缘。

4. 固定下止

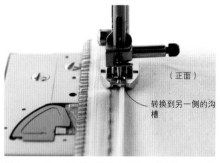

⑤在另一侧也要采用同样的方法缝合到距离开口止点 0.2~3cm处。

转换到另一侧的沟槽

（正面）

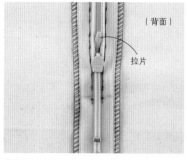

（背面）

拉片

①使拉片返回到正面。从背面捏住拉片，拉到正面。

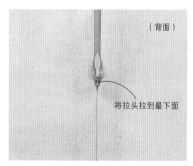

（背面）

将拉头拉到最下面

②捏住拉到正面的拉片，把拉头拉到最下面。

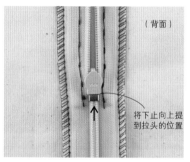

（背面）

将下止向上提到拉头的位置

③翻至背面，将下止向上提到拉头的位置。

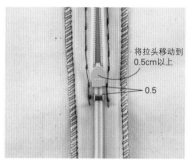

将拉头移动到0.5cm以上

0.5

④将拉头从下止的位置向上移动0.5cm。

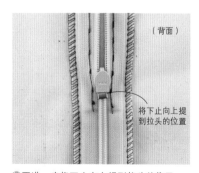

（背面）

将下止向上提到拉头的位置

⑤再进一步将下止向上提到拉头的位置。

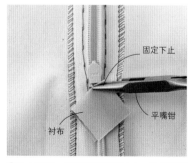

固定下止

平嘴钳

衬布

⑥垫上衬布，用平嘴钳固定下止，注意不要将下止夹碎。

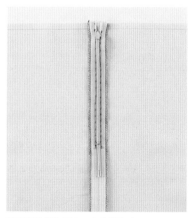

⑦安装拉链和固定下止全部完成。

5. 处理拉链的下端和布带的边缘

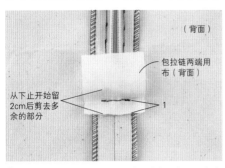

包拉链两端用布（背面）

从下止开始留2cm后剪去多余的部分

1

（背面）

①将拉链从下止开始留2cm后剪去多余的部分。把包拉链两端用布与拉链重合到一起后缝合。

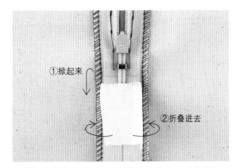

①掀起来

②折叠进去

②掀起包拉链两端用布，使之与拉链的宽度吻合后折叠到背面去。

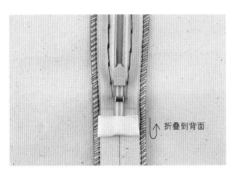

折叠到背面

③进一步将下侧也折叠到背面去。

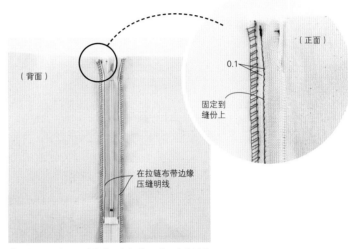

（背面）

（正面）

0.1

固定到缝份上

在拉链布带边缘压缝明线

④将拉链布带从上端缝合到包拉链两端用布的地方，然后固定到缝份上。拆去大针脚缝线。

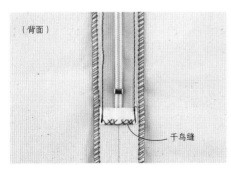

（背面）

千鸟缝

⑤用千鸟缝（请参照p.66）的缝法将包拉链两端用布固定到缝份上。

（正面）

⑥隐形拉链安装好了。安装拉链以外的制作方法请参照p.84。

开尾拉链

o.
无领夹克衫

这是一件装有可以左右分开的开尾拉链的
夹克衫。一种与裤子和裙子均可搭配穿着
的设计，看起来成熟、有品位。

设计、制作　May Me 伊藤三千代

拉链的安装方法　Lesson　p.62
制作方法　p.86

袖口开衩的地方，要使用斜裁布
"用来回缝纫的方法处理"。袖口
使用美式子母扣，增加了正式感。

开尾拉链可以左右分开，所以常
用于上衣。需要注意的是拉链左
右两边的高度要一致。

推荐使用的拉链
金属开尾拉链　树脂开尾拉链

* 材料和裁剪方法图请参照p.86。
* 为了方便理解在示范中改变了作品和布料的颜色，并且使用了比较醒目的缝纫线。

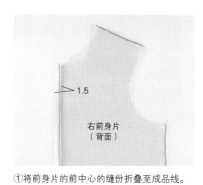

右前身片（背面）

1.5

①将前身片的前中心的缝份折叠至成品线。

拉链（正面）

水溶性双面胶带

②在拉链布带上粘贴水溶性双面胶带。

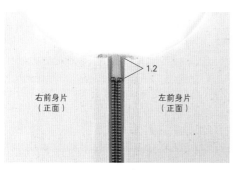

1.2

右前身片（正面）　　左前身片（正面）

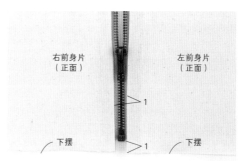

右前身片（正面）　　左前身片（正面）

1

下摆　　1　　下摆

③揭掉水溶性双面胶带上的剥离纸。与前身片重叠到一起，将拉链粘贴到缝份上。需要注意的是拉链左右两边的高度要相同。

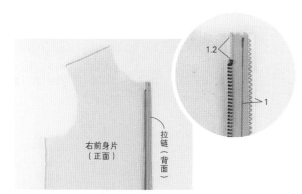

右前身片（正面）

拉链（背面）

1.2

1

④拉开拉链，将左前身片和右前身片分开。展开缝份，将拉链分别缝合固定到前襟上。

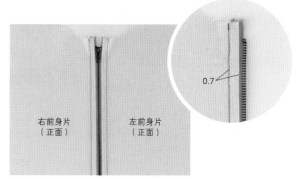

右前身片（正面）　　左前身片（正面）

0.7

⑤将前身中心的缝份重新折叠至成品线，从正面压缝明线。安装拉链以外的制作方法请参照p.86。

How to make

缝纫基础知识

这是制作作品中必需的缝纫基础知识。开始缝纫之前先学习一下吧。

开始制作之前

* 在制作方法页上写的尺寸是按照宽度 × 长度的顺序表示的。
  请注意如果布料有方向性的印花或者需要对接花纹时，使用布料的尺寸会有所变化。

* 在制作方法中没有特别指定数字的单位均为cm。

* 提包的包体和提包带等全部由直线构成的部件中有的没有纸样。

* 实物大纸样中，手提包和化妆包都是带缝份的纸样，所以在制作中就不要再添加缝份了。
  衣服的纸样不带缝份，所以请参照制作页的裁剪图添加缝份。

工具　请准备缝纫的基本工具。

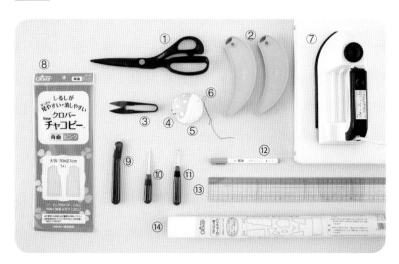

①裁布剪刀…裁布专用剪刀。②压板…描绘纸样时用的镇纸。③剪线用剪刀…剪线用的手握剪刀。④珠针…用于固定两层以上的布料。⑤针插…不用针的时候把针插上去。⑥手缝针…手工缝纫使用的针。⑦熨斗和熨烫台…用于熨平皱纹或添加折痕。⑧布用复写纸…与画线轮配套使用，用于在布料上画符号。⑨画线轮…滚动波浪形的刀刃，用于画出符号。⑩锥子…在整理布角或向针下送布等的时候使用。⑪拆线刀…U形的部分作为刀刃，在拆接缝时候使用。⑫裁缝用粉笔…用于画符号的笔。有水溶性的和自然消失的等类型。⑬方格尺子…如果准备一根带方格的50cm长的尺子的话就会很方便。⑭硫酸纸…方便描绘实物大纸样的薄纸。复写纸也可以。

整理布料　首先从准备布料开始。

何谓整理布料

布料是由经线和纬线交叉纺织而成的。经线和纬线直角交叉的状态是正确的状态。但是，在商店里买来的布料有时是歪斜的，所以先调整布纹、熨平布料的话，做出来的作品就会很漂亮。

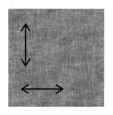

整理布料的顺序

* 聚酯纤维类的布料没必要过水。羊毛和丝绸等材质的布料的过水方法不同，所以购买时请进行确认。

①将布料像折叠屏风一样地折叠起来充分浸泡到水中一个小时。轻轻挤压出水后，整理布纹不要让布纹弯曲，阴到半干的程度。

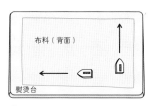

布料（背面）

熨烫台

②整理布纹，使经线和纬线呈直角，同时从背面熨烫。

熨斗　缝好之后，用熨斗熨烫缝份。如果正确熨烫的话，成品也会有所不同。

熨烫方法

熨倒缝份（倒向一侧）
将缝合完毕之后的缝份（2层或2层以上）合到一起向一侧折叠并熨烫。

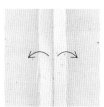

分开缝份
将缝份打开，折向左右两侧。

黏合衬 在裁剪方法图中指定的粘贴黏合衬的位置上粘贴黏合衬。

所谓黏合衬

黏合衬粘贴到布料的背面，可以给布料加固或防止走形，因为黏合衬上有胶，通过熨斗的热量熔胶使衬和布料黏合到一起。由于底布种类的不同粘贴之后的情况也有所不同，厚度也各种各样，选择适合作品的、自己喜欢的黏合衬吧。

黏合衬的种类

● 纺织布类的黏合衬

底布是纺织而成的布料。因为有布纹，所以要将布纹与粘贴的布料对齐后粘贴。很适合表布，做好后有一种很柔软的质感。建议做衣服时使用。

● 无纺布类的黏合衬

底布的纤维是朝着各个方向的。这种黏合衬大部分从哪个方向裁剪都可以。可呈现出笔挺的质感。

● 带胶铺棉（棉芯黏合衬）

是在抻开的薄薄的棉芯上涂抹一层黏合剂制作而成的。做出来的成品有一种饱满的感觉。

黏合衬的粘贴方法

黏合衬

黏合衬

● 布料全部粘贴黏合衬的时候

黏合衬有时会因为熨斗的热量而收缩。布料全部粘贴的情况下，裁剪布料要比纸样稍微大一点，粘贴黏合衬之后再按照纸样裁剪布料。

● 布料部分区域粘贴黏合衬的时候

按照欲粘贴的形状剪黏合衬并进行粘贴。

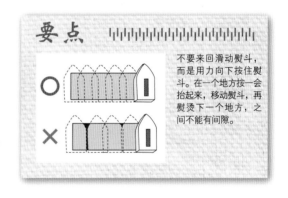

要点

不要来回滑动熨斗，而是用力向下按住熨斗。在一个地方按一会抬起来，移动熨斗，再熨烫下一个地方，之间不能有间隙。

纸样的使用方法 描绘书后的实物大纸样制作纸样，裁剪布料。

描绘纸样

1

从实物大纸样上选择欲描绘的纸样，为了方便理解，用比较醒目的颜色标注衣角等重点部位。

2

将硫酸纸放到纸样上，为了防止来回移动要压上镇纸。使用尺子画出线条。画到曲线时要一点点地挪动尺子的角度来进行描绘。布纹线和对接符号也要描绘，还要写上各部件的名称。

纸样上的线条和符号的意思

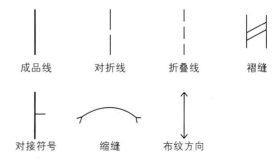

成品线　　对折线　　折叠线　　褶缝

对接符号　　缩缝　　布纹方向

衣服的基本尺寸（裸尺寸）

尺寸	S	M	L	XL
身高	158			
胸围	80	83	86	90
腰围	64	67	70	74
臀围	88	91	94	98

添加缝份

*本书中只有衣服的纸样需要添加缝份。手提包和化妆包的实物大纸样上已包含缝份。

请参照制作方法页的裁剪方法图中所标的尺寸，与成品线平行着画出缝份。使用方格尺子的话很容易就能画出平行线。

Point

斜角的缝份添加

在袖口、下摆和侧缝等部位的成品线遇到斜角的地方，为了避免出现缝份不够或者缝份多余的情况，要酌情添加缝份。

①除衣角以外的地方添加完缝份之后，在袖口角的周围要多留一些再剪下纸样。

②在成品线处向上折叠，沿袖底的缝份线剪去多余的部分。
※指定折两次的情况下就折两次。

③这是展开后的状态。折叠好的时候，缝份就会成为非常吻合的漂亮的缝份。

裁剪布料

将纸样和布料按照布纹方向合到一起对齐后，用珠针把纸样固定到布料上。指定要在对折线处裁剪的时候，使对折线与突出的折痕重合到一起，从一端用裁布剪刀剪下来。

没有纸样的部件

只是由直线构成的部件没有纸样。请参照裁剪方法图上标的尺寸在布料上用笔画出直线后裁剪即可。

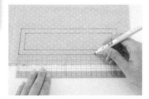

符号

缝纫时有一些必需的重要的符号。在此介绍3个添加符号的方法。

布用复写纸（双面型）

将布用复写纸夹在正面相对的布料中间，从纸样上面滚动画线轮的刀刃印出符号。

牙口

在缝份处剪出0.2cm左右的牙口，标出符号。因为要裁剪布料，所以在成品线内侧不能添加符号。

裁缝用粉笔

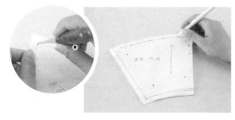

①预先在纸样的成品线处用锥子打孔。将纸样贴到布料背面，使用裁缝用粉笔添加符号。

②将纸样翻转过来，另一侧也要添加符号。把点和点连接起来画出成品线。

缝合 机缝和手缝的基础。

布料与缝纫针、缝纫线的关系

请选择适合所用布料的缝纫针和缝纫线。开始缝纫之前，在布边处试缝一下之后再正式进行缝纫吧。

布料	薄的细麻纱布料	普通厚度的宽幅平纹布 绒棉布 亚麻布 皱纹呢	厚的 11号帆布 8号帆布
缝纫针	9号	11号	14号、16号
缝纫线	90号	60号	30号

珠针的用法

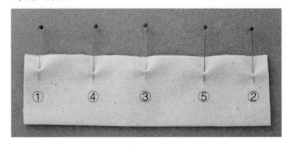

首先，在两端别上珠针（①②）。
接着在中心别上珠针（③）。
最后在两端和中心之间别上珠针（④⑤）。
按照这个顺序别珠针的话，布料就不容易错开了。

缝份的处理

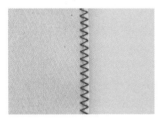

● Z字形缝纫
用Z字形缝纫的方法来缝布边。

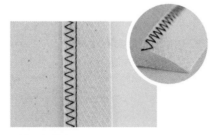

● 折一折缝纫
将布边折一次之后再进行缝纫。因为看不见布边，所以用Z字形缝纫等方法处理之后再进行缝纫。

● 折两折缝纫
将布边折两次之后再进行缝纫。布边被缝入里边了，所以从外边是看不见布边的。

手工缝纫

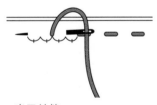

● 半回针缝
倒回来从前一针的一半处入针，接着从前面1.5针的位置出针。

挑住一根布料上的线

● 锁缝
在里侧布料处挑住一根布料上的线，再把缝纫针扎入跟前的布料中，然后拔出针。

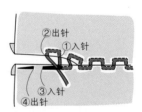

● 藏针缝
将两块布料折痕突出的地方相对合到一起，交替挑起折痕处进行缝合的针法。

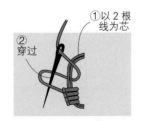

● 缝线圈
以2根线为芯，在这2根线上做扣眼缝。

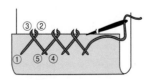

● 千鸟缝
交替挑起跟前的布料和里侧的布料，从左侧向右侧缝合。

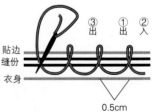

● 星止缝
在贴边侧拔出缝纫针，返回隔1根线的距离再扎入，使缝纫针穿过里侧的2层缝份。

制作方法

a.
侧边连贯的
化妆包
photo p.18

b.
与包底一体
的化妆包
photo p.18

<a>
成品尺寸 包长18cm，包高12cm，包底宽14cm
材料 麻布（白色×紫色方格）35cm×35cm、棉布（白色×灰色方格）35cm×35cm、黏合衬35cm×70cm、长度为30cm的金属拉链1条
●**实物大纸样A面a** a-1包体表布、包体里布　a-2侧边表布、侧边里布　a-3包底表布、包底里布

<b>
成品尺寸 包长18cm，包高7cm，包底宽4cm
材料 麻布（白色×黄绿色方格）30cm×35cm、棉布（白色×茶色方格）30cm×35cm、黏合衬40cm×50cm、长度为30cm的金属拉链1条
●**实物大纸样A面b** b-1包体表布、包体里布　b-2侧边表布、侧边里布

裁剪方法图（a 化妆包）

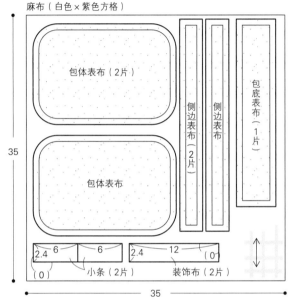

麻布（白色×紫色方格）

包体表布（2片）

包体表布

侧边表布（2片）

侧边表布

包底表布（1片）

2.4　6　6　（0）　小条（2片）　2.4　12　（0）　装饰布（2片）

35

35

棉布（白色×灰色方格）

包体里布（2片）

包体里布

侧边里布（2片）

侧边里布

包底里布（1片）

35

35

※（　）中的数字为缝份。除指定以外的缝份均为0.8cm　※▨处粘贴黏合衬　※实物大纸样中包含缝份

裁剪方法图（b 化妆包）

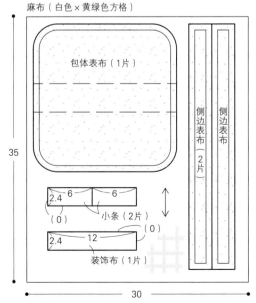

麻布（白色×黄绿色方格）

包体表布（1片）

侧边表布（2片）

侧边表布

2.4　6　6　小条（2片）　（0）

2.4　12　（0）　装饰布（1片）

35

30

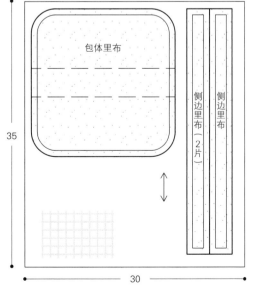

棉布（白色×茶色方格）

包体里布

侧边里布（2片）

侧边里布

35

30

※（　）中的数字为缝份。除指定以外的缝份均为0.8cm　※▨处粘贴黏合衬　※实物等大纸样中包含缝份

制作方法（b化妆包）

1 将拉链缝到侧边上

侧边表布（正面）　　　拉链（正面）

在0.1cm处压缝明线　　侧边表布（正面）　　侧边里布（背面）

※制作方法请参照p.19

2 将包体表布和侧边合到一起对齐后缝合

包体表布（背面）

①剪牙口　　　包底用布

对折

对折线

小条（正面）

③夹住小条

稍微打开一点

包体表布（背面）　☆　★

0.5

☆

0.5　　侧边里布（正面）

拉链（背面）　★

②在弯曲处只给侧边剪牙口

※请参照p.20 4-①

④将包体表布和侧边表布正面相对合到一起对齐后疏缝

※小条的制作方法请参照p.20

3 将包体表布和包体里布合到一起对齐后缝合

10　　0.8

在返口处剪牙口并翻至背面

包体里布（背面）

黏合衬

剪牙口

包体表布（背面）

避开返口缝合

侧边里布（正面）

0.8

包体里布（背面）

将侧边里布和包体里布正面相对合到一起对齐后缝合

翻至正面

包体表布（正面）

包体里布（正面）

侧边里布（正面）

拉链（背面）

缝合返口

完成

7

18

拉链饰品　4

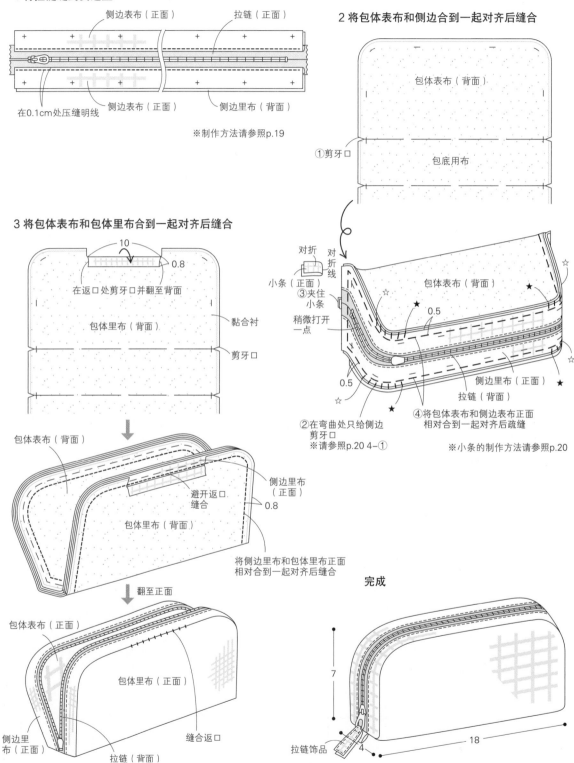

c.
休闲购物包
photo p.22

成品尺寸 包长28cm，包高25cm，包底宽10cm

材料 牛津布（地图图案）80cm×40cm、起绒靛蓝亚麻布64cm×52cm、牛仔布40cm×54cm、带胶铺棉44cm×62cm、长度为40cm的树脂拉链1条、2片茶色皮革3cm×3cm、1.2cm宽的蒂罗尔绣带20cm、钟表形装饰牌1个

裁剪方法图

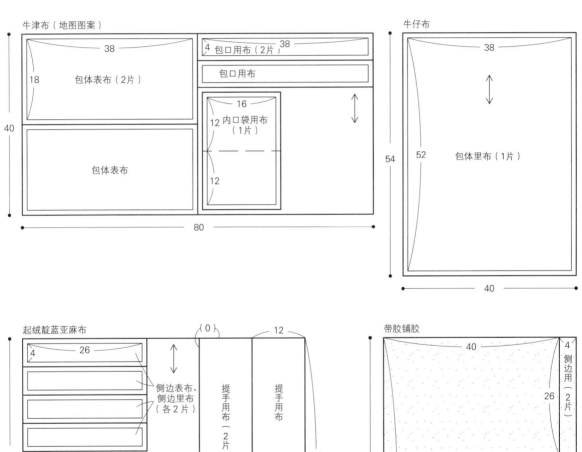

牛津布（地图图案）

38
包体表布（2片）
18

包口用布（2片） 38
4
包口用布

16
内口袋用布（1片）
12

12

40

包体表布

80

牛仔布

38
52
包体里布（1片）
54

40

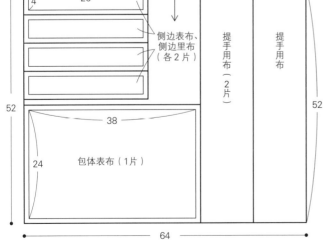

起绒靛蓝亚麻布

4 26
侧边表布、侧边里布（各2片）
（0） 12
提手用布（2片）
提手用布

52

52

38
包体表布（1片）
24

64

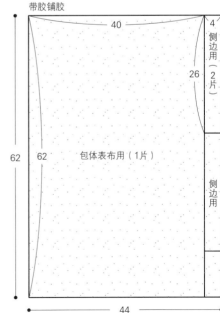

带胶铺胶

40
4
侧边用（2片）
26

62
62
包体表布用（1片）
侧边用

44

※（ ）中的数字为缝份。除指定以外的缝份均为1cm

l.
百褶裙
photo p.44

成品尺寸（从左边开始为S/M/L/XL码）
裙长（包括裙腰的长度）…64/65/66/66cm　裙腰…65/68/72/76cm
材料　珠罗纱（咖啡色）110cm宽×155/155/160/160cm、薄棉布
5cm×5cm、黏合衬80cm×3cm、长度为20cm的超薄针织拉链1条、直径
1.5cm的扣子1颗
●实物大纸样A面I　I–1前、后裙片

裁剪方法图

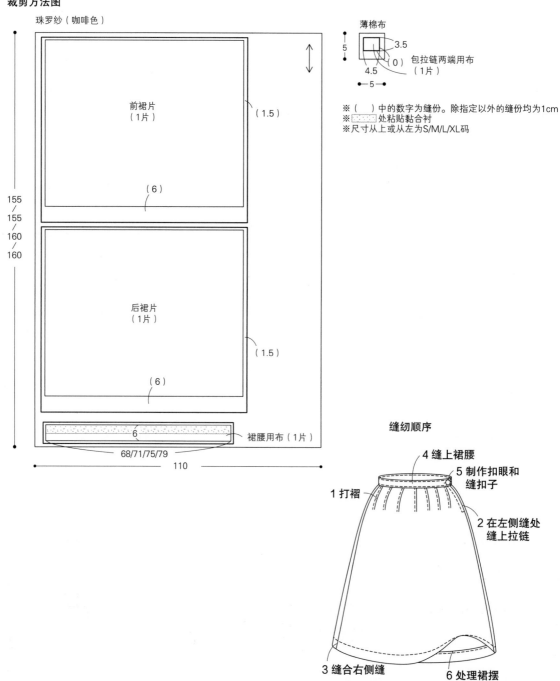

珠罗纱（咖啡色）

前裙片
（1片）
（1.5）

（6）

155
/
155
/
160
/
160

后裙片
（1片）
（1.5）

（6）

裙腰用布（1片）
6
68/71/75/79
110

薄棉布
5
3.5
（0）
4.5
5
包拉链两端用布
（1片）

※（　）中的数字为缝份。除指定以外的缝份均为1cm
※▨▨处粘贴黏合衬
※尺寸从上或从左为S/M/L/XL码

缝纫顺序

4 缝上裙腰
5 制作扣眼和
　缝扣子
1 打褶
2 在左侧缝处
　缝上拉链
3 缝合右侧缝
6 处理裙摆

70

d.
带外口袋的
化妆包
photo p.26

成品尺寸 包长21cm，包高12cm

材料 牛津布（地图图案）25cm×30cm、棉麻布（条纹）25cm×45cm、薄带胶铺棉25cm×30cm、长20cm的金属拉链1条、宽1.2cm的蒂罗尔绣带23cm、小狗形装饰扣1颗

裁剪方法图

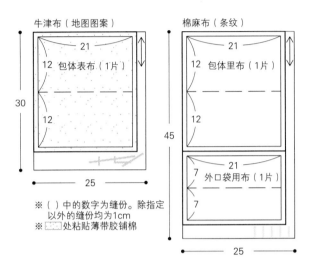

牛津布（地图图案）

21
12 包体表布（1片）
12
30
25

棉麻布（条纹）

21
12 包体里布（1片）
12
45
21
7 外口袋用布（1片）
7
25

※（ ）中的数字为缝份。除指定以外的缝份均为1cm
※▨处粘贴薄带胶铺棉

1 制作外口袋，并缝到包体表布上

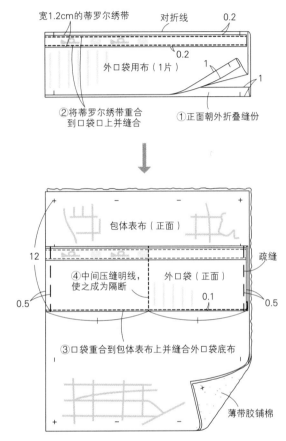

宽1.2cm的蒂罗尔绣带 对折线 0.2
0.2
1
外口袋用布（1片） 1
②将蒂罗尔绣带重合到口袋口上并缝合 ①正面朝外折叠缝份

包体表布（正面）
疏缝
12
④中间压缝明线，使之成为隔断 外口袋（正面）
0.5 0.1 0.5
③口袋重合到包体表布上并缝合外口袋底布
薄带胶铺棉

2 将拉链缝至包口上

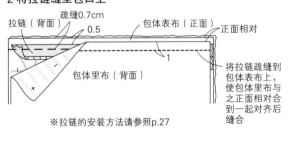

拉链（背面） 疏缝0.7cm
0.5
包体表布（正面）
正面相对
包体里布（背面）
1
将拉链疏缝到包体表布上，使包体里布与之正面相对合到一起对齐后缝合

※拉链的安装方法请参照p.27

3 缝合包体表布和包体里布

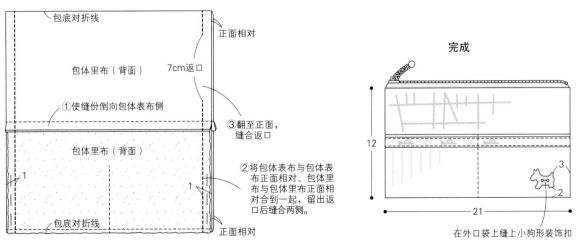

包底对折线
正面相对
包体里布（背面） 7cm返口
①使缝份倒向包体表布侧
包体里布（背面）
③翻至正面，缝合返口
1 1
②将包体表布与包体表布正面相对、包体里布与包体里布正面相对合到一起，留出返口后缝合两侧。
包底对折线
正面相对

完成

12
3
2
21
在外口袋上缝上小狗形装饰扣

<1> <2>

e.
迷你化妆包
photo p.28

成品尺寸　包长10cm，包高8.5cm，包底宽5cm

材料　<1>亚麻面料（藏青色）20cm×25cm、细麻纱布（花朵形图案）30cm×25cm、宽1.4cm的蒂罗尔绣带17cm

　　　<2>细麻纱布（花朵形图案）30cm×25cm、细麻纱布（圆点形图案）18cm×25cm、宽1cm的刺绣丝带2cm、薄带胶铺棉18cm×25cm

　　　<1、2通用>长17cm的超薄针织拉链1条、宽1.5cm的茶色真皮5cm

● 实物大纸样A面e　e−1包体表布、包体里布

裁剪方法图

<1>…包体表布 亚麻布（藏青色）　包体里布 细麻纱布（花朵形图案）
<2>…包体表布 细麻纱布（花朵形图案）　包体里布 细麻纱布料（圆点形图案）

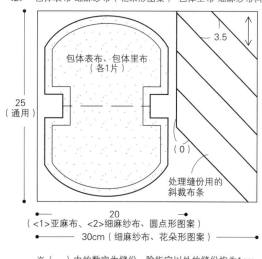

包体表布、包体里布
（各1片）

3.5

（0）

25
（通用）

处理缝份用的斜裁布条

20
（<1>亚麻布、<2>细麻纱布、圆点形图案）

30cm（细麻纱布、花朵形图案）

※（　）中的数字为缝份。除指定以外的缝份均为1cm
※处理缝份用斜裁布条只用细麻纱布（花朵形图案）
※□□□只在<2>中的包体表布处粘贴薄带胶铺棉
※实物大纸样中包含缝份

1 将蒂罗尔绣带、刺绣丝带缝到包体表布上

将蒂罗尔绣带重合到包体前侧并缝合固定其两端

<1>的包体表布（正面）

0.2　　1.4

包底

4

<2>的包体表布（正面）

1.5

1　　4

包底

4

折叠刺绣丝带的两端，缝合固定到包体前侧

粘贴上薄带胶铺棉

2 将拉链缝至包口上

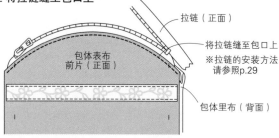

拉链（正面）

将拉链缝至包口上
※拉链的安装方法请参照p.29

包体表布
前片（正面）

包体里布（背面）

3 缝合包体侧缝和包底宽度，处理缝份

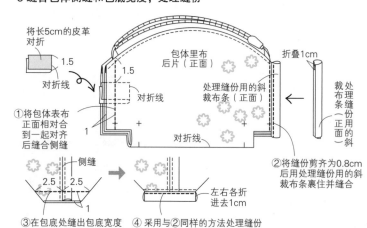

将长5cm的皮革对折

1.5

对折线

1.5

对折线

①将包体表布正面相对合到一起对齐后缝合侧缝

1

包体里布
后片（正面）

处理缝份用的斜裁布条（正面）

对折线

折叠1cm

裁处理缝份布条（正面）的斜

②将缝份剪齐为0.8cm后用处理缝份用的斜裁布条裹住并缝合

侧缝

2.5　2.5

1

③在包底处缝出包底宽度

左右各折进去1cm

④采用与②同样的方法处理缝份

完成

<1>

8.5

10　　5

<2>

8.5

10　　5

f.
钱包
photo p.30

成品尺寸 包长9cm，包高9cm，包底宽1cm
材料 <1>棉布（圆点形图案）12cm×22cm、棉布（条纹图案）30cm×22cm、黏合衬22×42cm、长16cm的金属拉链1条、直径1.8cm的木制圆环1个、小金属环2个、链条2.5cm
●实物大纸样A面f f–1包体表布、包体里布

裁剪方法图

棉布（圆点形图案）

包体表布
（1片）

22

12

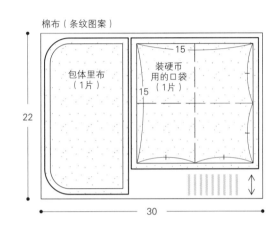

棉布（条纹图案）

包体里布
（1片）

22

装硬币
用的口袋
（1片）

15

15

30

※（）中的数字为缝份。除指定以外的缝份均为0.8cm
※▨处粘贴黏合衬
※实物大纸样中包含缝份

1 将拉链缝到包体表布的包口处

剪牙口
拉链（背面）
1
剪0.5cm的牙口
0.8
包体表布（正面）
包底
1
侧缝

使拉链与包体表布正面相对合到一起对齐后缝合
※拉链的安装方法请参照p.31
※另一侧也采用同样的方法缝合

2 缝合包体表布的侧缝，在包底处缝出抓角

①正面相对合到一起对齐后缝合侧缝，分开缝份
②在包底处缝出包底宽度

拉链（背面）
包体表布（背面）
正面相对

侧缝 0.8
1
包底对折线

3 制作装硬币用的口袋，夹到包体里布的侧缝中缝合

对折线
正面相对
装硬币用的口袋（背面）
①正面相对折叠后缝成筒状
黏合衬
0.8

对折线
装硬币用的口袋（正面）
②翻至正面

对折线
装硬币用的口袋（正面）
对折线
③再对折

装硬币用的口袋
包体里布（背面）
正面相对
对折线
对折线
0.8
对折线
④将包体里布正面相对进行折叠，夹住装硬币用的口袋后缝合侧缝

4 把内口袋缝到包体里侧

装硬币用的口袋（正面）
对折线
包体里布（正面）
折叠包体里布的缝份，正面朝外合到一起，用藏针缝缝合
包体表布（正面）

完成

2.5
小圆环
链条
1.8
木制圆环
9
9
1

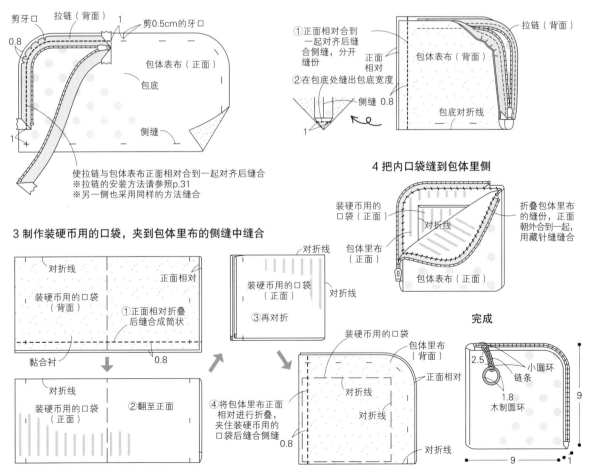

g.
支架口金挎包

photo p.32

成品尺寸　包底长度20cm，包高23cm，包底宽14cm
材料　棉布（帆船图案）88cm×25cm、斜纹布（条纹图案）58cm×62cm、带胶铺棉36cm×62cm、长40cm的树脂拉链1条、2cm宽的带子2种各17cm、1组支架口金18cm×7cm、2片小条用真皮1cm×4cm、0.9cm宽的皮革带子120cm、内径1.2cm的D形环2个、内径1.3cm的扣环2个、直径0.7cm的双面铆钉2组、装饰铆钉2种各1组、直径1.8cm的纽扣1颗

裁剪方法图

棉布（帆船图案）

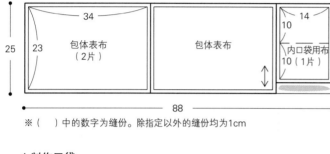

包体表布
（2片）

34
23
25

包体表布

内口袋用布
（1片）
14
10
10

88

※（　）中的数字为缝份。除指定以外的缝份均为1cm

斜纹布（条纹图案）、带胶铺棉

包体里布、带胶铺棉
（各1片）
34
23

包底表布
（1片）
20
14

外口袋用布
（1片）
14
10
10
7
14
7
23

62
（通通）

包拉链
两端用布
（2片）
6　（0）
5

58（斜纹布）

36（带胶铺棉）

1 制作口袋

※内口袋、外口袋均采取同样的方法进行制作

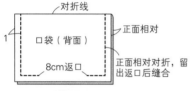

对折线
口袋（背面）
正面相对
1
8cm返口
正面相对对折，留出返口后缝合

翻至正面

将17cm长的带子重合到口袋口上，两端翻折到背面后压缝明线

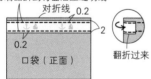

对折线　0.2
0.2
口袋（正面）
2
翻折过来

2 将内口袋缝到包体里布上

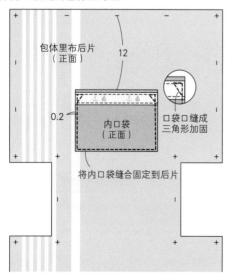

包体里布后片
（正面）
12
0.2
内口袋
（正面）
口袋口缝成三角形加固

将内口袋缝合固定到后片

3 将包体表布和包底表布缝合到一起，缝上外口袋

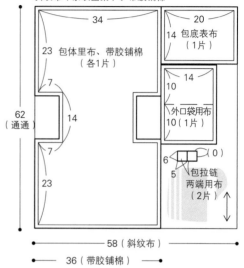

包体表布　前片（正面）
0.2
外口袋
（正面）
3
1
②缝合固定外口袋

包底表布（正面）
1
①将包体表布和包底表布的中心对齐，正面相对合到一起后缝合，将缝份倒向包底侧

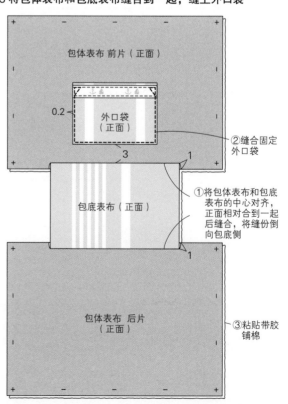

包体表布　后片
（正面）
③粘贴带胶铺棉

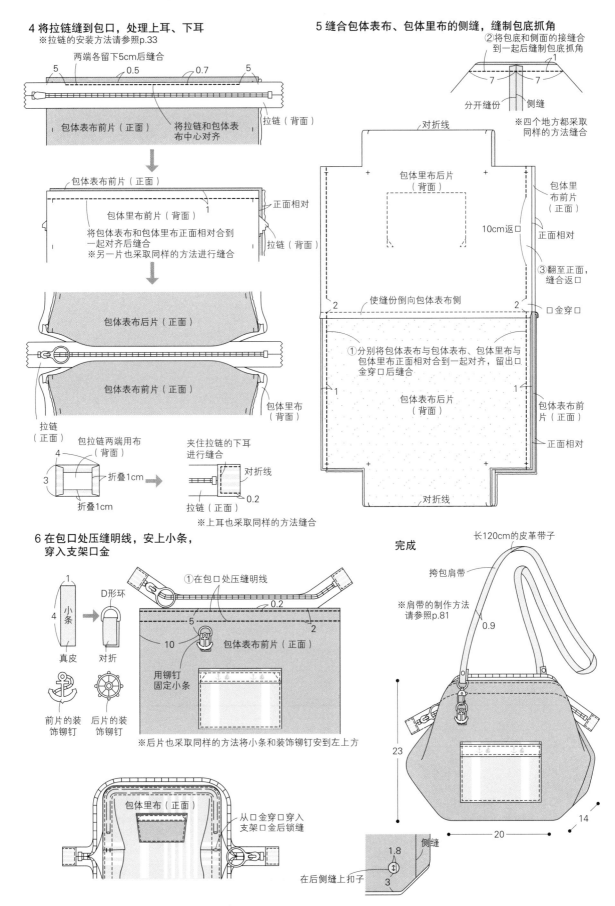

4 将拉链缝到包口，处理上耳、下耳
※拉链的安装方法请参照p.33

两端各留下5cm后缝合
5　0.5　0.7　5
拉链（背面）

包体表布前片（正面）
将拉链和包体表布中心对齐

包体表布前片（正面）
1
正面相对
包体里布前片（背面）
将包体表布和包体里布正面相对合到一起对齐后缝合
※另一片也采取同样的方法进行缝合
拉链（背面）

包体表布后片（正面）
包体表布前片（正面）
包体表布前片（正面）
包体里布（背面）

拉链（正面）
包拉链两端用布（背面）
4
3
折叠1cm
折叠1cm

夹住拉链的下耳进行缝合
对折线
拉链（正面）
0.2
※上耳也采取同样的方法缝合

5 缝合包体表布、包体里布的侧缝，缝制包底抓角
②将包底和侧面的接缝合到一起后缝制包底抓角
1
7　7
分开缝份　侧缝
※四个地方都采取同样的方法缝合

对折线
包体里布后片（背面）
包体里布前片（正面）
10cm返口
正面相对
③翻至正面，缝合返口
口金穿口
使缝份倒向包体表布侧
2　2
①分别将包体表布与包体表布、包体里布与包体里布正面相对合到一起对齐，留出口金穿口后缝合
包体表布后片（背面）
包体表布前片（正面）
1　1
正面相对
对折线

6 在包口处压缝明线，安上小条，穿入支架口金
1
D形环
4　小条
真皮　对折

①在包口处压缝明线
0.2
5
2
10
包体表布前片（正面）
用铆钉固定小条

锚　舵
前片的装饰铆钉　后片的装饰铆钉
※后片也采取同样的方法将小条和装饰铆钉安到左上方

包体里布（正面）
从口金穿口穿入支架口金后锁缝

完成
长120cm的皮革带子
挎包肩带
※肩带的制作方法请参照p.81
0.9
23
20
14
1.8
侧缝
3
在后侧缝上扣子

h.
文具袋
photo p.34

成品尺寸　包长20.5cm，包高7cm，包底宽7cm
材料　棉麻布（圆点图案）30cm×30cm、棉麻布（带饰边图案）30cm×25cm、黏合衬30cm×50cm、长20cm的金属拉链1条、小型双面铆钉1组
●实物大纸样A面h　h-1侧边表布、侧边里布

裁剪方法图

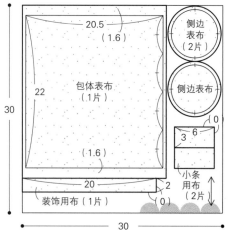

棉麻布（圆点图案）

20.5
（1.6）
侧边
表布
（2片）
22
包体表布
（1片）
侧边表布
30
0
6
3
（1.6）
20
2
0
装饰用布（1片）
小条
用布
（2片）
30

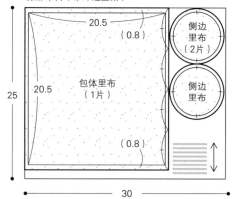

棉麻布料（带饰边图案）

20.5
（0.8）
侧边
里布
（2片）
25
20.5
包体里布
（1片）
侧边
里布
（0.8）
30

※（　）中的数字为缝份。除指定以外的缝份均为0.5cm
※▨▨处粘贴黏合衬
※实物大纸样中包含缝份

1 将拉链缝到包口处

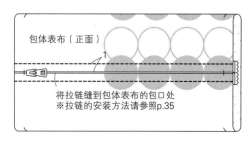

包体表布（正面）
1
将拉链缝到包体表布的包口处
※拉链的安装方法请参照p.35

3 制作拉链饰物

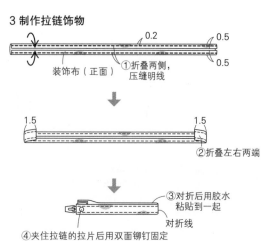

0.2
0.5
装饰布（正面）
①折叠两侧，压缝明线
0.5

1.5　　　　1.5
②折叠左右两端

③对折后用胶水粘贴到一起
对折线
④夹住拉链的拉片后用双面铆钉固定

2 将包体表袋和包体里袋缝合到一起

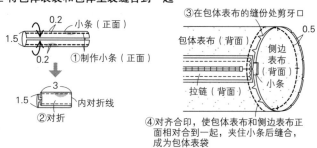

0.2
小条（正面）
1.5
①制作小条（正面）
0.2

3
1.5
内对折线
②对折

③在包体表布的缝份处剪牙口
包体表布（背面）
0.5
侧边表布（背面）
小条
拉链（背面）
④对齐合印，使包体表布和侧边表布正面相对合到一起，夹住小条后缝合，成为包体表袋

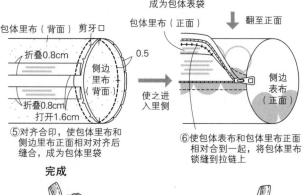

包体里布（背面）剪牙口
折叠0.8cm
侧边里布（背面）
0.5
折叠0.8cm
打开1.6cm
⑤对齐合印，使包体里布和侧边里布正面相对对齐后缝合，成为包体里袋

翻至正面
包体里布（正面）
使之进入里侧
侧边表布（正面）
⑥使包体表布和包体里布正面相对合到一起，将包体里布锁缝到拉链上

完成

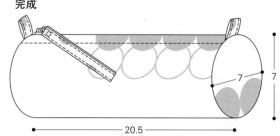

7
7
20.5

i.
挎包
photo p.36

成品尺寸 包长22cm，包高22.5cm

材料 棉麻布（印花图案）25cm×50cm、牛皮（茶色）25cm×50cm、长20cm的金属拉链1条、0.9cm宽的皮革带子130cm、内径1cm的D形环2个、内径1cm扣环2个、直径0.6cm双面铆钉2组、#200双面金属扣眼2组、链条2.5cm、圆环2个

裁剪方法图

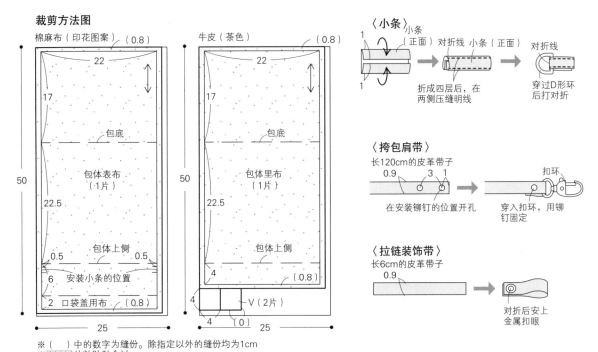

〈小条〉
小条（正面）　对折线　小条（正面）　对折线
折成四层后，在两侧压缝明线
穿过D形环后打对折

〈挎包肩带〉
长120cm的皮革带子
0.9　3　1　扣环
在安装铆钉的位置开孔　穿入扣环，用铆钉固定

〈拉链装饰带〉
长6cm的皮革带子
0.9
对折后安上金属扣眼

棉麻布（印花图案）（0.8）
22
17
包底
包体表布（1片）
50
22.5
包体上侧
0.5　安装小条的位置　0.5
6
2　口袋盖用布　（0.8）
25

牛皮（茶色）（0.8）
22
17
包底
包体里布（1片）
50
22.5
包体上侧
4　（0.8）
4　V（2片）
4　（0）
25

※（　）中的数字为缝份。除指定以外的缝份均为1cm
※▨处粘贴黏合衬

1 安装拉链

对折线
拉链（正面）
包体表布（正面）
对折线
对折线
包体里布（背面）

※拉链的安装方法请参照p.37

2 将小条疏缝到侧缝处

将小条疏缝到包体表布的缝份处
※只疏缝到上面的一层上即可
0.5　对折线　0.7
0.5　小条（正面）　0.5
包体表布（正面）
对折线

完成

挎包肩带

※摘下拉链上的拉片，将拉链装饰带用圆环和链条连接到拉头上

链条
圆环
拉链装饰带
22.5
22

3 缝合侧缝

对折线　包体表布（背面）
包体里布（背面）
小条
翻至背面，折叠口袋盖和底部折痕并使之重合，四层合到一起缝合侧缝（在包体里布上留出返口后缝合）
从返口以下分别缝合
包体底对折线
正面相对
11　（只在包体里布上有返口）

对折线
包体表布从包口翻至正面、包体里布从返口翻至正面
包体里布（正面）
1.5
缝合返口　对折线

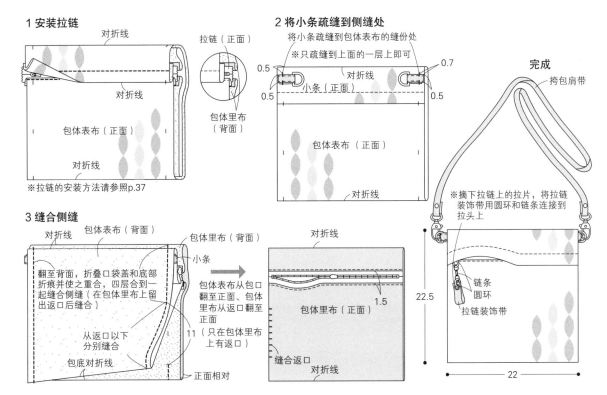

j.
带口袋的手提包
photo p.38

成品尺寸 包长36cm，包高30cm，包底宽8cm
材料 麻质帆布60cm×75cm、棉麻布（条纹图案）80cm×75cm、黏合衬80cm×75cm、长20cm的金属拉链1条、链条3cm、直径0.5cm和0.7cm的圆环各1个，装饰穗1个

裁剪方法图

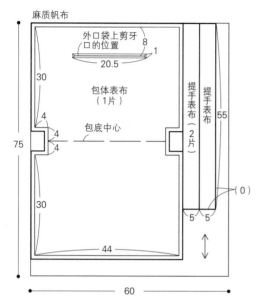

麻质帆布

外口袋上剪牙口的位置
8
1
20.5
30
包体表布（1片）
4
4
4
包底中心
提手表布（2片）
55
75
30
（0）
5 5
44
60

棉麻布（条纹图案）

2.5 （0）
30
包体里布（1片）
4
4
包底中心
提手里布（2片）
55
75
30
5 5
44
15 内口袋用布（1片）
15
21
（0.8）
口袋袋体用布（1片）
30.5
（0.8）
21
6 装饰穗
18 （0）
80

※（　）中的数字为缝份。除指定以外的缝份均为1cm
※ ▨ 处粘贴黏合衬

1 在包体表布上剪牙口，制作口袋

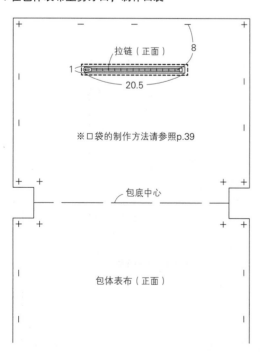

+ − − +
拉链（正面）
8
1
20.5
※口袋的制作方法请参照p.39
+ + + +
包底中心
+ +
包体表布（正面）

2 制作内口袋，并缝到包体里布上

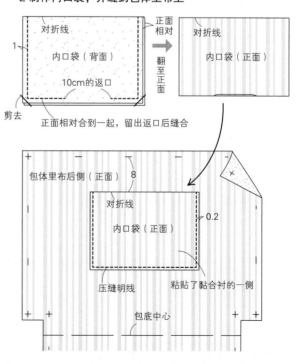

对折线
1
内口袋（背面）
10cm的返口
正面相对
翻至正面
对折线
内口袋（正面）
剪去
正面相对合到一起，留出返口后缝合

包体里布后侧（正面） 8
对折线
内口袋（正面）
0.2
×
压缝明线
粘贴了黏合衬的一侧
包底中心

3 缝合包体表布和包底的侧缝，缝制包底抓角

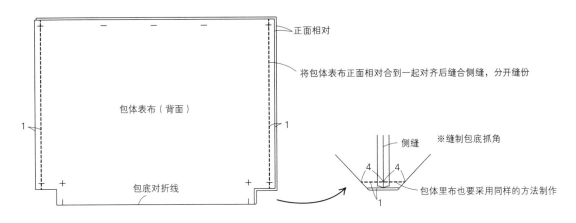

正面相对

将包体表布正面相对合到一起对齐后缝合侧缝，分开缝份

包体表布（背面）

1

1

包底对折线

侧缝

※缝制包底抓角

4   4

1

包体里布也要采用同样的方法制作

4 制作提手，并疏缝到包体表袋正面的包口上

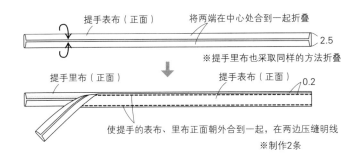

提手表布（正面）

将两端在中心处合到一起折叠

2.5

※提手里布也采取同样的方法折叠

提手里布（正面）

提手表布（正面）

0.2

使提手的表布、里布正面朝外合到一起，在两边压缝明线

※制作2条

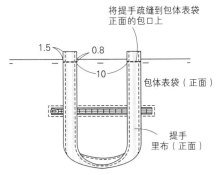

将提手疏缝到包体表袋正面的包口上

1.5   0.8

10

包体表袋（正面）

提手里布（正面）

5 将包体表袋、包体里袋正面朝外合到一起

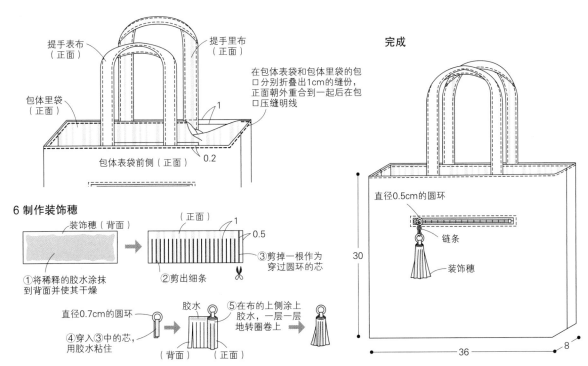

提手表布（正面）

提手里布（正面）

包体里袋（正面）

1

0.2

包体表袋前侧（正面）

在包体表袋和包体里袋的包口分别折叠出1cm的缝份，正面朝外重合到一起后在包口压缝明线

完成

直径0.5cm的圆环

链条

装饰穗

30

36   8

6 制作装饰穗

装饰穗（背面）

（正面）   1

0.5

①将稀释的胶水涂抹到背面并使其干燥

②剪出细条

③剪掉一根作为穿过圆环的芯

直径0.7cm的圆环

胶水

⑤在布的上侧涂上胶水，一层一层地转圈卷上

④穿入③中的芯，用胶水粘住

（背面）   （正面）

k.
带装饰口袋
的挎包
photo p.40

成品尺寸 包高23cm，包长16cm，包底宽4cm

材料 棉麻布（花朵图案）和亚麻布（紫色）各23cm×44cm、细麻布（花朵图案）23cm×52cm、黏合衬46cm×44cm、长20cm的金属拉链（灰色、绿色）各1条、0.9cm宽的皮革带子120cm、两块小条用真皮1cm×4cm、内径1cm的D形环2个、内径1cm的扣环2个、直径0.7cm的双面铆钉4组、蕾丝花朵1个

裁剪方法图

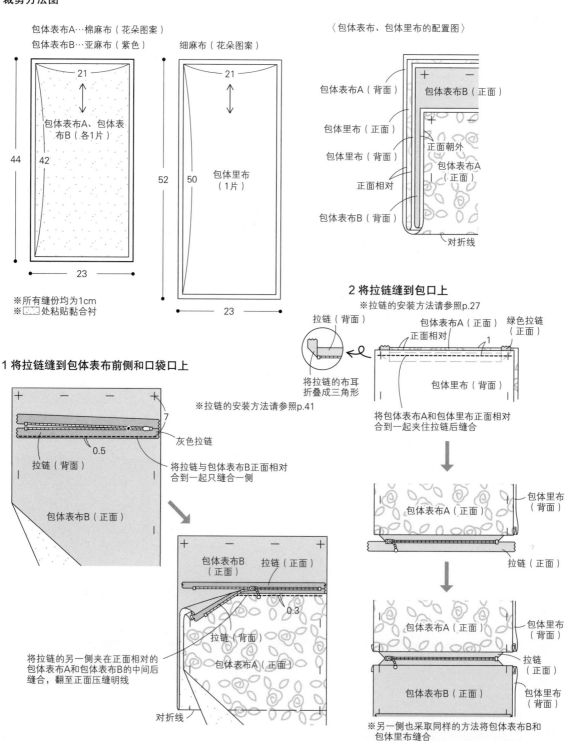

包体表布A…棉麻布（花朵图案）

包体表布B…亚麻布（紫色）　　　细麻布（花朵图案）

21　　　　　　　　　　　21

包体表布A、包体表布B（各1片）

44　42　　　　　　52　50　包体里布（1片）

23　　　　　　　　　　23

※所有缝份均为1cm
※░处粘贴黏合衬

〈包体表布、包体里布的配置图〉

包体表布A（背面）　　包体表布B（正面）

包体里布（正面）

包体里布（背面）　　正面朝外　包体表布A（正面）

正面相对

包体表布B（背面）　　对折线

1 将拉链缝到包体表布前侧和口袋口上

灰色拉链

0.5　　7

拉链（背面）

包体表布B（正面）

将拉链与包体表布B正面相对合到一起只缝合一侧

※拉链的安装方法请参照p.41

包体表布B（正面）　拉链（正面）

0.3

拉链（背面）

包体表布A（正面）

将拉链的另一侧夹在正面相对的包体表布A和包体表布B的中间后缝合，翻至正面压缝明线

对折线

2 将拉链缝到包口上

※拉链的安装方法请参照p.27

拉链（背面）

将拉链的布耳折叠成三角形

包体表布A（正面）　绿色拉链（正面）

正面相对　　1

包体里布（背面）

将包体表布A和包体里布正面相对合到一起夹住拉链后缝合

包体表布A（正面）　包体里布（背面）

拉链（正面）

包体表布A（正面）　包体里布（背面）

拉链（正面）

包体表布B（正面）　包体里布（背面）

※另一侧也采取同样的方法将包体表布B和包体里布缝合

3 缝合侧缝，在底部缝出包底抓角

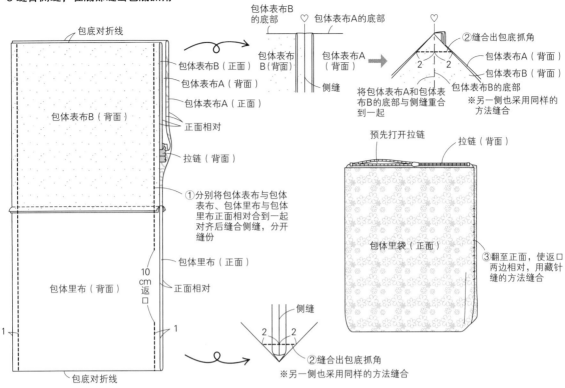

包底对折线

包体表布B（背面）

包体表布B
的底部　♡　包体表布A的底部

包体表布B（正面）

包体表布B
（背面）　　包体表布A
（背面）

侧缝

②缝合出包底抓角

包体表布A（背面）

2　2

包体表布B（背面）

将包体表布A和包体表
布B的底部与侧缝重合
到一起

包体表布A的底部

※另一侧也采用同样的
方法缝合

包体表布B（正面）

包体表布A（背面）

包体表布A（正面）

正面相对

拉链（背面）

①分别将包体表布与包体
表布、包体里布与包体
里布正面相对合到一起
对齐后缝合侧缝，分开
缝份

包体里布（正面）

正面相对

包体里布（背面）

10
cm
返
口

1　　　　　　　　　1

包体里袋（背面）

预先打开拉链　　　拉链（背面）

包体里袋（正面）

③翻至正面，使返口
两边相对，用藏针
缝的方法缝合

包底对折线

侧缝

2　2

②缝合出包底抓角

※另一侧也采用同样的方法缝合

4 用铆钉将小条安装到包体上

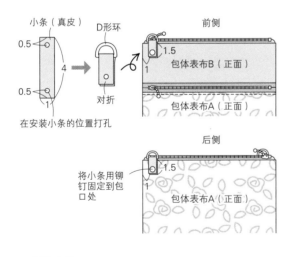

小条（真皮）

0.5

4

0.5

1

在安装小条的位置打孔

D形环

对折

前侧

1.5

1

包体表布B（正面）

包体表布A（正面）

后侧

1.5

1

将小条用铆
钉固定到包
口处

包体表布A（正面）

5 制作肩带

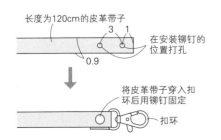

长度为120cm的皮革带子

3　1

0.9

在安装铆钉的
位置打孔

将皮革带子穿入扣
环后用铆钉固定

扣环

完成

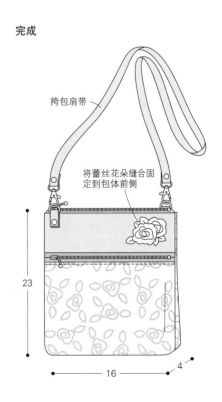

挎包肩带

将蕾丝花朵缝合固
定到包体前侧

23

16　　　4

m.

打褶锥形裤

photo p.50

成品尺寸（从左边开始为S/M/L/XL码）

裤长（含裤腰）…86/87.5/89/90.5cm

腰围…72/75/79/83cm

臀围…98/101/105/109cm

材料　拉毛细条子西服布（灰色）112cm×200cm、黏合衬90cm×20cm、长20cm的超薄针织拉链1条、直径1.5cm的纽扣1颗

●实物大纸样A面m　m-1前裤片、m-2后裤片、m-3贴边、m-4掩襟

裁剪方法图

拉毛细条子西服布（灰色）

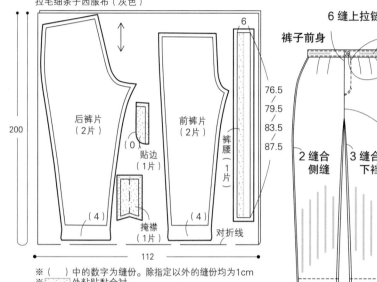

后裤片（2片）

贴边（1片）（0）

掩襟（1片）

前裤片（2片）

裤腰（1片）

6

76.5
79.5
83.5
87.5

200

（4）

（4）

对折线

112

※（　）中的数字为缝份。除指定以外的缝份均为1cm
※▒▒▒处粘贴黏合衬
※衣服尺寸从上边开始为S/M/L/XL码

缝纫顺序

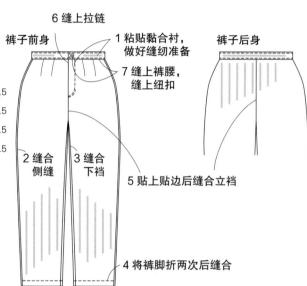

6 缝上拉链

裤子前身

1 粘贴黏合衬，做好缝纫准备

7 缝上裤腰，缝上纽扣

裤子后身

2 缝合侧缝

3 缝合下裆

5 贴上贴边后缝合立裆

4 将裤脚折两次后缝合

1 粘贴黏合衬，做好缝纫准备

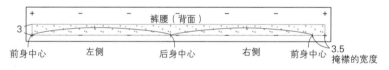

裤腰（背面）

3

前身中心　　左侧　　　后身中心　　右侧　　　前身中心

3.5
掩襟的宽度

2 缝合侧缝

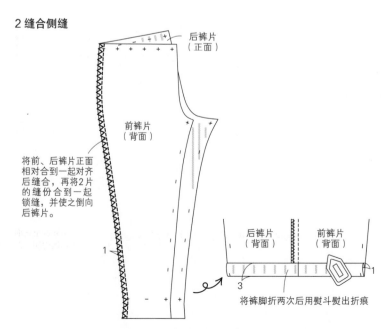

后裤片（正面）

前裤片（背面）

将前、后裤片正面相对合到一起对齐后缝合，再将2片的缝份合到一起锁缝，并使之倒向后裤片。

1

后裤片（背面）　　前裤片（背面）

1

3

将裤脚折两次后用熨斗熨出折痕

3 缝合下裆

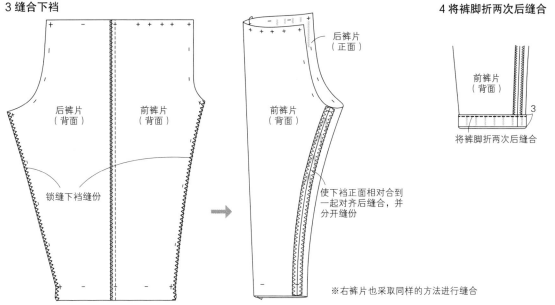

后裤片（背面）　前裤片（背面）

锁缝下裆缝份

前裤片（背面）

后裤片（正面）

使下裆正面相对合到一起对齐后缝合，并分开缝份

4 将裤脚折两次后缝合

前裤片（背面）

3

将裤脚折两次后缝合

※右裤片也采取同样的方法进行缝合

5 贴上贴边后缝合立裆　※参照p.51

后裤片（背面）

贴边（背面）

前裤片（背面）

将前、后裤片正面相对合到一起对齐后缝合立裆

6 缝上拉链

※拉链的安装方法请参照p.51～53

掩襟（正面）

贴边（正面）

前裤片（正面）

7 缝上裤腰，缝上纽扣

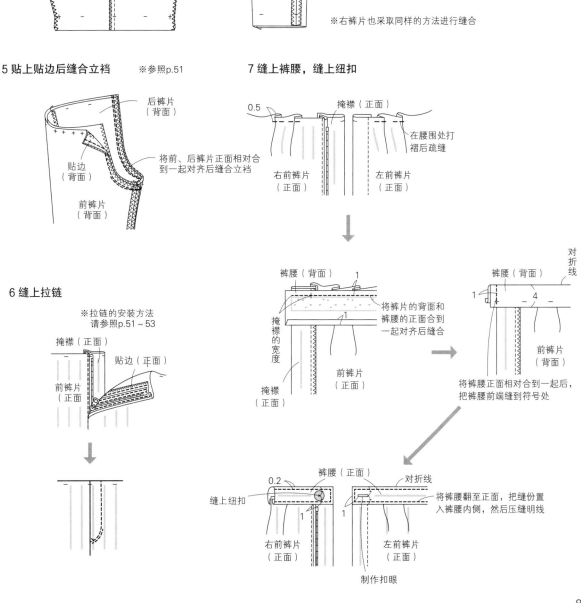

0.5

掩襟（正面）

右前裤片（正面）　左前裤片（正面）

在腰围处打褶后疏缝

裤腰（背面）

1

掩襟的宽度

掩襟（正面）

前裤片（正面）

将裤片的背面和裤腰的正面合到一起对齐后缝合

对折线

裤腰（背面）

1　　4

前裤片（背面）

将裤腰正面相对合到一起后，把裤腰前端缝到符号处

0.2　裤腰（正面）

缝上纽扣

1

右前裤片（正面）

对折线

1

左前裤片（正面）

将裤腰翻至正面，把缝份置入裤腰内侧，然后压缝明线

制作扣眼

n.

前、后带装饰缝
的连衣裙

photo p.54

成品尺寸（从左边开始为S/M/L/XL码） 衣长···99/101.5/104/105cm
胸围···92/95/99/103cm 腰围···79.5/82.5/86.5/90.5cm

材料 阿蒙增皱纹呢（深蓝色）112cm×255/265/270/270cm、丝绸
4cm×4cm、黏合衬90cm×30cm、长56cm的隐形拉链1条、（深蓝色平面
装饰片、雕刻串珠、小圆串珠、大圆串珠）各适量、（直径2.5mm、3mm、
4mm的珍珠串珠各适量、弹簧风纪扣（凸侧）1个

●实物大纸样B面n n-1前身片、n-2前侧身片、n-3后身片、n-4后侧身片、
n-5前袖、n-6后袖、n-7袖口贴边、n-8前贴边、n-9后贴边

裁剪方法图

阿蒙增皱纹呢（深蓝色）

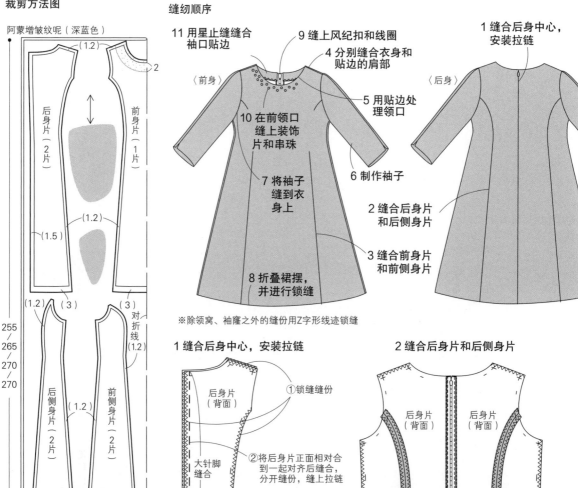

（1.2）
2
后身片（2片）
前身片（1片）
（1.2）
（1.5）
255
/
265
/
270
/
270
（1.2）
（3）
（3）
对折线
（1.2）
后侧身片（2片）
前侧身片（2片）
（1.2）
（3）
3
前贴边（1片）
（0.8）
后袖（2片）
前袖（2片）
后贴边（2片）
（1.2）
（1.2）
（0）
（0）
（0.8）
袖口侧
（0.5）
（0）
112
袖口贴边（2片）

※（ ）中的数字为缝份。除指定以
外的缝份均为1cm
※ 处粘贴黏合衬
※衣服尺寸从上边开始为S/M/L/XL码

缝纫顺序

11 用星止缝缝合
袖口贴边

9 缝上风纪扣和线圈

4 分别缝合衣和
贴边的肩部

1 缝合后身中心，
安装拉链

〈前身〉

10 在前领口
缝上装饰
片和串珠

5 用贴边处
理领口

7 将袖子
缝到衣
身上

〈后身〉

6 制作袖子

2 缝合后身片
和后侧身片

8 折叠裙摆，
并进行锁缝

3 缝合前身片
和前侧身片

※除领窝、袖窿之外的缝份用Z字形线迹锁缝

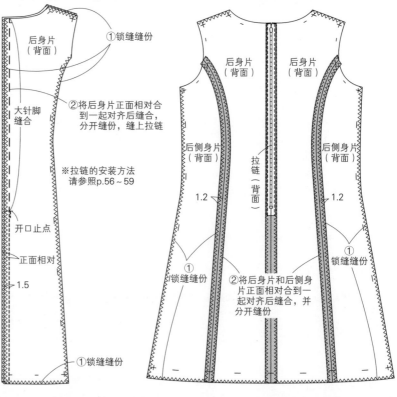

1 缝合后身中心，安装拉链

后身片（背面）

①锁缝缝份

大针脚缝合

②将后身片正面相对合
到一起对齐后缝合，
分开缝份，缝上拉链

※拉链的安装方法
请参照p.56～59

开口止点

正面相对

1.5

①锁缝缝份

2 缝合后身片和后侧身片

后身片（背面）

后身片（背面）

后侧身片（背面）

后侧身片（背面）

拉链（背面）

1.2

1.2

①

①

①锁缝缝份

①锁缝缝份

②将后身片和后侧身
片正面相对合到一
起对齐后缝合，并
分开缝份

3 缝合前身片和前侧身片

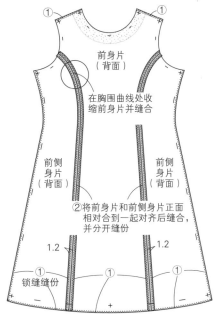

前身片（背面）

在胸围曲线处收缩前身片并缝合

前侧身片（背面）

前侧身片（背面）

②将前身片和前侧身片正面相对合到一起对齐后缝合，并分开缝份

1.2　1.2

①

锁缝缝份

4 分别缝合衣身和贴边的肩部

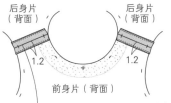

后身片（背面）　后身片（背面）

1.2　1.2

前身片（背面）

将前身片、后身片的肩部正面相对合到一起对齐后缝合，并分开缝份

后贴边（背面）　后贴边（背面）

1　1

前贴边（背面）

③锁缝缝份

②将前贴边、后贴边的肩部正面相对合到一起对齐后缝合，并分开缝份

5 用贴边处理领口

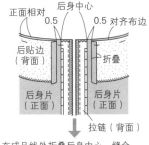

正面相对　后身中心　0.5　0.5 对齐布边

后贴边（背面）　折叠

后身片（正面）　后身片（正面）

拉链（背面）

在成品线处折叠后身中心，缝合领口，在缝份处剪牙口

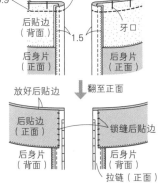

0.9　后贴边（背面）

1.5　牙口

后身片（正面）　后身片（正面）

放好后贴边

后贴边（正面）　锁缝后贴边

后身片（背面）　后身片（背面）

翻至正面

拉链（正面）

6 制作袖子

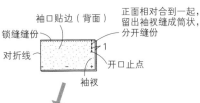

正面相对

后袖（正面）

②将前、后袖片正面相对合到一起，留出袖衩缝成筒状，分开缝份

前袖（背面）

1.2　1.2

①

锁缝缝份　开口止点

袖衩

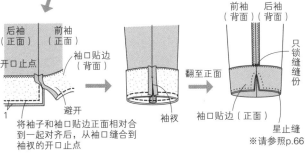

袖口贴边（背面）

锁缝缝份

对折线

正面相对合到一起，留出袖衩缝成筒状，分开缝份

1　开口止点

袖衩

后袖（正面）　前袖（正面）

开口止点　袖口贴边（背面）

1　避开

将袖子和袖口贴边正面相对合到一起对齐后，从袖口缝合到袖衩的开口止点

翻至正面

袖衩

前袖（背面）　后袖（背面）

只锁缝缝份

袖口贴边（正面）

星止缝

※请参照p.66

7 将袖子缝到衣身上

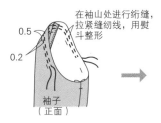

在袖山处进行绗缝，拉紧缝纫线，用熨斗整形

0.5

0.2

袖子（正面）

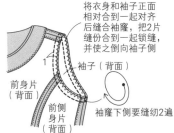

将衣身和袖子正面相对合到一起对齐后缝合袖隆，把2片缝份合到一起锁缝，并使之倒向袖子侧

1

袖子（背面）

前身片（背面）

前侧身片（背面）

袖隆下侧要缝纫2遍

8 折叠裙摆，并进行锁缝

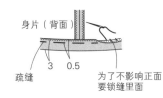

身片（背面）

3　0.5

疏缝

为了不影响正面要锁缝里面

9 缝上风纪扣和线圈

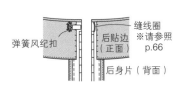

弹簧风纪扣　缝线圈

后贴边（正面）　※请参照p.66

后身片（背面）

10 在前领口缝上装饰片和串珠

11 用星止缝缝合袖口贴边

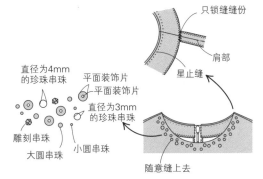

只锁缝缝份

肩部

星止缝

直径为4mm的珍珠串珠

平面装饰片

平面装饰片

直径为3mm的珍珠串珠

雕刻串珠

大圆串珠　小圆串珠

随意缝上去

o.

无领夹克衫

photo p.60

成品尺寸（从左边开始为S/M/L/XL码）
衣长…60.5/61.5/62.5/63.5cm
胸围…96/99/103/107cm
材料 亚麻牛仔布145cm×135cm、黏合衬55cm×40cm、长50cm的金属开尾拉链1条、4cm宽的松紧带34cm、直径1.1cm美式子母扣2组
●与实物大的纸样B面o o-1前身片、o-2后身片、o-3袖子、o-4前贴边、o-5后贴边

裁剪方法图

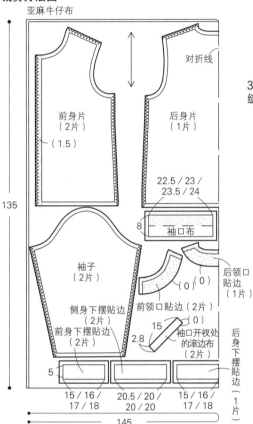

※（ ）中的数字为缝份。除指定以外的缝份均为1cm
※▨处粘贴黏合衬
※〰〰〰表示Z字形线迹锁缝

缝纫顺序

1 在指定位置粘贴黏合衬，锁缝肩部、侧缝、袖底、前襟的缝份

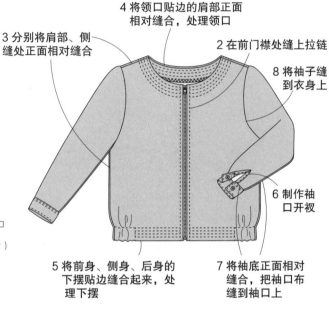

2 在前门襟处缝上拉链
3 分别将肩部、侧缝处正面相对缝合
4 将领口贴边的肩部正面相对缝合，处理领口
5 将前身、侧身、后身的下摆贴边缝合起来，处理下摆
6 制作袖口开衩
7 将袖底正面相对缝合，把袖口布缝到袖口上
8 将袖子缝到衣身上

2 在前门襟处缝上拉链

※拉链的安装方法请参照p.62

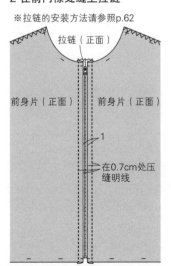

3 分别将肩部、侧缝处正面相对缝合

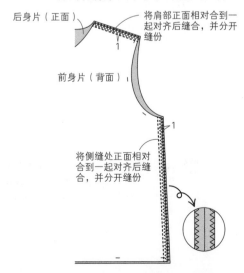

4 将领口贴边的肩部正面相对缝合，处理领口

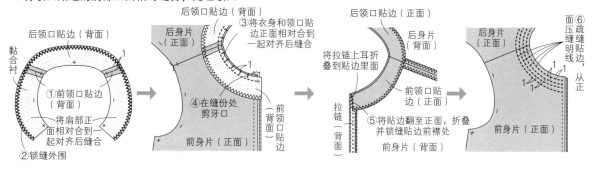

黏合衬

后领口贴边（背面）

①前领口贴边（背面）

将肩部正面相对合到一起对齐后缝合

②锁缝外围

后身片（正面）

1

③将衣身和领口贴边正面相对合到一起对齐后缝合

④在缝份处剪牙口

前身片（正面）

前领口贴边

后领口贴边（正面）

前身片（背面）

将拉链上耳折叠到贴边里面

拉链（背面）

⑤将贴边翻至正面，折叠并锁缝贴边前襟处

前领口贴边（正面）

后身片（正面）

面⑥压疏缝明线，从正

1

1

前身片（正面）

5 将前身、侧身、后身的下摆贴边缝合起来，处理下摆

下摆贴边（背面）

1

1.5

4

1.5

①正面相对合到一起，留出4cm宽的松紧带穿口后，将5片贴边缝合到一起

侧身下摆贴边（背面）

前身下摆贴边（背面）

松紧带穿口

后身下摆贴边（背面）

松紧带穿口

侧身下摆贴边（背面）

前身下摆贴边（背面）

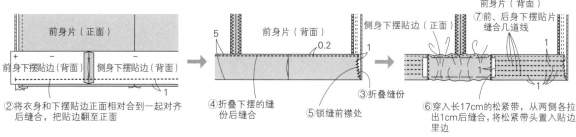

前身片（正面）

前身下摆贴边（背面）　侧身下摆贴边（背面）

1

②将衣身和下摆贴边正面相对合到一起对齐后缝合，把贴边翻至正面

前身片（背面）

5

0.2

侧身下摆贴边（正面）

1

③折叠缝份

④折叠下摆的缝份后缝合

⑤锁缝前襟处

前身片（背面）

⑦前、后身下摆贴片缝合几道线

1

1

⑥穿入长17cm的松紧带，从两侧各拉出1cm后缝合，将松紧带头置入贴边里边

6 制作袖口开衩

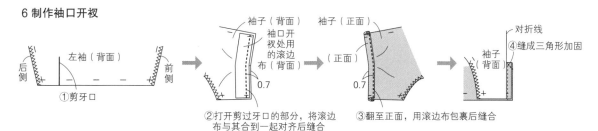

左袖（背面）

后侧

前侧

①剪牙口

袖子（背面）

袖口开衩用的滚边布（背面）

0.7

②打开剪过牙口的部分，将滚边布与其合到一起对齐后缝合

袖子（正面）

（正面）

0.7

③翻至正面，用滚边布包裹后缝合

对折线

袖子（背面）

④缝成三角形加固

7 将袖底正面相对缝合，把袖口布缝到袖口上

8 将袖子缝到衣身上

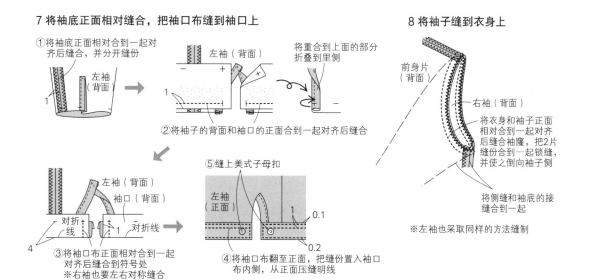

①将袖底正面相对合到一起对齐后缝合，并分开缝份

左袖（背面）

1

②将袖子的背面和袖口的正面合到一起对齐后缝合

左袖（背面）

1

将重合到上面的部分折叠到里侧

左袖（背面）

袖口（背面）

对折线

对折线

1

4

③将袖口布正面相对合到一起对齐后缝合到符号处
※右袖也要左右对称缝合

⑤缝上美式子母扣

左袖（正面）

0.1

0.2

④将袖口布翻至正面，把缝份置入袖口布内侧，从正面压缝明线

※右袖也要左右对称缝合

前身片（背面）

右袖（背面）

将衣身和袖子正面相对合到一起对齐后缝合袖隆，把2片缝份合到一起锁缝，并使之倒向袖子侧

将侧缝和袖底的接缝合到一起

※左袖也采取同样的方法缝制

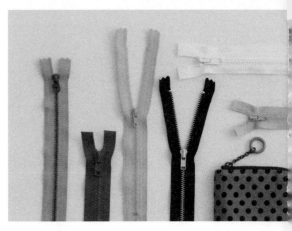

版权所有，翻印必究

备案号：豫著许可备字 -2016-A-0241

图书在版编目（CIP）数据

拉链，让手作变轻松！/ 日本宝库社编著；边冬梅译 . —郑州：河南科学技术出版社，2019.5

ISBN 978-7-5349-9463-0

Ⅰ . ①拉… Ⅱ . ①日… ②边… Ⅲ . ①拉链—基本知识 Ⅳ . ① TS914.219

中国版本图书馆 CIP 数据核字（2019）第 036682 号

出版发行：河南科学技术出版社

　　　　　地址：郑州市郑东新区祥盛街27号　　邮编：450016

　　　　　电话：（0371）65737028　　65788613

　　　　　网址：www.hnstp.cn

策划编辑：刘　欣

责任编辑：梁莹莹

责任校对：马晓灿

封面设计：张　伟

责任印制：张艳芳

印　　刷：北京盛通印刷股份有限公司

经　　销：全国新华书店

开　　本：787 mm×1092 mm　1/16　印张：5.5　字数：160 千字

版　　次：2019年5月第1版　　2019年5月第1次印刷

定　　价：49.00 元

如发现印、装质量问题，影响阅读，请与出版社联系并调换。